# 原発事故との伴走の記

池内 了

Ikeuchi Satoru

而立書房

装丁　神田昇和

# 目次

II 原発を知るためのキーワード

## III　脱原発への道

# まえがき

二〇一一年三月十一日、「東北地方太平洋沖地震」が発生し（これによって引き起こされた災害を「東北大震災」と呼ぶ）、それに伴って東京電力福島第一原子力発電所の1号機から3号機までが炉心溶融から水素爆発を起こし、4号機は冷却用プールが干上がるとともに水素爆発が勃発した。その結果として、広い地域が放射能に汚染されて生業を放棄せざるを得ず、放射線被曝を恐れて十万人を超す人々が故郷を離れることを余儀なくされ、原発の安全神話に捉われていた日本国民一人一人に対して大きな衝撃を与えることになった。

同時に、それまで隠されてきた（あるいは知らぬふりをして通り過ぎてきた）、さまざまな科学・技術に関わる問題が露わになった。気がついたものだけでも、原発が本来的に持っている反倫理性、「原子力ムラ」の面々が作り上げた政治的・経済的・科学的に偏向した宣伝、現在の科学技術が孕む脆弱性と科学者・技術者の社会的無責任、科学だけでは答えが出せないトランスサイエンス問題、原発事故の責任を取らずに情報を出し惜しみする東京電力（東電）、経済産業省が管轄し「規制の虜」となっていた原子力安全・保安院、功利主義に染まった私たちの日常空間、などがある。それとともに、現代の私たちは安楽で効率的な生活を求める中で欲望過多のままに生きて来たことを強く反省させられることになった。

その後、東電は実に不十分で甘い国家管理となり、四つの事故調査委員会報告書が出され、原子力規制委員会が設置され、全国一律の再生可能エネルギー全量買取制度（ＦＩＴ）が施行され、民主党内閣から自公安倍晋三内閣へと政権が変わり、安倍首相のウソを並べた演説で二〇二〇年オリンピック・パラリンピックの誘致が決まり、安倍内閣の原発再稼働路線が露骨に進められ、大飯原発裁判の画期的な判決とそれに続く反動的な司法判断があり、農地や家屋の除染が行われてフレコンバッグの山が築かれ、福島第一原発の敷地には溜まり続ける汚染水を保管するタンクが林立し、帰還政策を強要するための放射線無害論が喧伝されて避難者への援助が打ち切られ、というふうに実にさまざまな動きや事件が続いてきた。

それらを横目に見ながら、私はささやかなカンパを送ったり、福島で開催された原発事故に関する講演を行ったりした以外、たいして支援活動を行えずにきた。ボランティア活動を行うには体力がなく、原子炉や放射線の専門家でもないのでしゃしゃり出るわけにはいかないし、被災地を見て回るだけでは暇人の見物と思われそうで行く気がしなかったのだ。そのため、日本の未来を左右するような大事故が起きたというのに何もできないでいるという思いで内心忸怩たる気分を持ち続けてきた。

ただ、私は新聞や雑誌に文章を依頼され、大学や地域の集会や運動団体から講演を頼まれることが多くなったこともあり、そのような機会を捉えて、原発事故について科学者として述べられる範囲の解説を行い、再稼働を急ぐ政府や電力業界・原子力専門家への批判をし、脱原発に向けて私たちとして何ができるか、などについて書き語ってきた。それが私のできる福島の人々への連帯のエールのつもりであるとともに、このような作業を積み重ねることが原発事故を風化させないために少しは役立つのではないかと思って続けてきたのである。原発事故が起こってから最近書いたコラムまで、講演のまとめも含めて、おそらく百編以上の文章を書いてきただろう。その各々は本としてまとめるという意図なく書いたもので、書き散らした文章としてそのまま捨ててしまうつもりであった。

しかし、福島事故が起こって八年近くになる現在、政府によって二〇二〇年のオリンピック・パラリンピック開催のために帰還政策・風評否定政策が強力に進められており、福島事故が無かったかのような雰囲気が醸成されていることに強い違和感を持つようになった。元々オリンピック・パラリンピック開催に反対して、その旨の意見をあちこちに書いていたこともあるが、原発事故の検証もせず、誰も原発事故の責任を取らず、原発事故を起こした東電は不十分な賠償のまま居直り、甲状腺ガンが頻発する兆候が出ているのに幕引きを図ろうという動きがあって、福島事故が抹殺されようとしていると強く感じたのだ。

むろん、東電幹部の刑事責任を追及する刑事裁判を始め、生業訴訟やいくつもの損害賠償訴訟が継続され、トリチウムを含んだ汚染水を海洋投棄するかどうかの問題で山場を迎えており、福島の復興や事故の後始末はまだ緒（しょ）についたばかりとさえ言い得る。大地震と大津波、そして原発事故は未曾有の大事件であって、数年で決着がつく問題ではないのである。しかし、甲状腺ガンの患者がじわじわと増えているにもかかわらず、放射線医学や防護学の専門家の間では原発事故と関係がないとの見解が多数を占め、それに呼応するかのように福島の放射能汚染問題はもう終結したかのような言説が流布され、忘れたい・忘れようとの雰囲気が広まっている。

これに対して異議申し立てすべきと思うのだが、さて何をするのがいいのだろうか。検討してみた結果、かつて書いた文章を集めて、原発事故が起こった当時どのように考えていたか、どのようなことを主張し、それらが現在どのような状態にあるかを検証してみることにした。その時点時点で重要な（と自分で考えた）ことを述べていたはずで、もうほとんど忘れているのだが、そのまま言いっ放しで済ませてしまっていいのであろうか、と思い返したのだ。私も熱しやすく冷めやすい日本人の一人なのだが、原発問題については粘り強く取り組んでいくべきではないか、と思い定めたのである。

そこで、原発事故直後の二〇一一年四月に書いた文章を始めとして、これまで書き溜めたものを整理してまとめたものが本書である。かなりの文章で同じテーマを取り上げ、同じ主張を繰り返しており、それらの重複を少なくするように努めるとともに、現在までに大きな変化があった話題については、（注）や（追記）で注釈を加えて現時点での見方や感想を書いている。

本書のタイトルを『原発事故との伴走の記』としたのは、まさに原発事故に遭われた人々に寄り添い、一緒に走っているつもりで書き綴ってきた思いを表すためである。あまりたいしたことができずにごめんなさい、皆さんの足手まといにならないよう、傍を走ってささやかな応援は続けてきたつもりですよ、という気持ちを正直にこのタイトルで表したのである。

以下「Ｉ　文明の転換点としての原発事故」では、３・11事故から三年くらいの間に行った講演会等で語った内容をまとめている。本書に出てくる論点のほとんどは、この章で提起している。それらは原発の事故確率、原発の反倫理性、トランスサイエンス問題、予防措置原則、科学者（専門家）の社会的責任、「安全保障」という文言、ストレステスト（クリフエッジ）、大飯原発裁判、再生可能エネルギー、地下資源文明と地上資源文明、ドイツの挑戦などである。最初の問題提起の章であるということもあって、（注）を付け加えるのは極力最小限とした。時間とともに変化しない論題としたためである。

続く「Ⅱ　原発を知るためのキーワード」では、たまたま二〇一二年から二年間、京都新聞で「現代のことば」という連載を頼まれたこともあって、原発や放射線被曝などに関連するキーワードを取り上げ、それに解説を加えるとともに、私の意見を付け加えたものである。知っているつもりなのだが、聞かれると詳しくは語れないというような言葉（例えば「ベクレルとシーベルト」や「活断層」や「発電単価」など）を選んで、わかりやすく説明したつもりである。同じ頃、北海道新聞で「各自核論」というコラムで三ヵ月に一回くらいの割合で寄稿を頼まれ（今も執筆は続いている）、そこにもう少し幅広い観点から廃炉問題や原発立地自治体の苦悩について書いた文章も収録している。

最後の「Ⅲ　脱原発への道」は、主として中日新聞の毎月一回のコラム「時のおもり」に書いた（東京新聞に転載されることもある）文章を集めたもので、時事的なニュースを扱うことが多いので（例えば「浜岡原発の停止決定」や「まだ誰も亡くなっていない」など）、その後どのように推移したのかのフォローが必要で、長い（追記）を付け加えた。また「原子力規制委員会」や「大飯原発裁判」などは、いわば現在進行形だから（追記）で現状をまとめているが、まだ変化していくだろう。その意味では、本書の記述は変遷の記録という意味もあると思っている。

私の文章を読みながら、過去を思い出しつつ、現在はどうなのかを検証してみる、そんな作業をする材料にしていただければ、と思っている。原発事故はまだ終息しておらず、福島の苦悩はまだまだ続くのだから。

本書に収録した論考のうち、「専門家の社会的責任を問う」「核と人類は共存できない、か?」「ベクレルとシーベルト」「老朽原発の廃炉方針」「未曾有の天災と人災」「浜岡原発の停止決定」「同調本能・同調圧力」「原発に未来はない」の八編は、私の前著『生きのびるための科学』(晶文社、二〇一二年五月刊)にも収録されている。原発事故後一年以内に書いた文章で、当時問題とした点がよくわかるので、そのまま再録することにした。ご容赦をお願いしたい。

# I

# 文明の転換点としての原発事故

# 3・11から未来を創造する
## ――文明の転換期にある日本と世界――

### はじめに ――「核」に翻弄されてきた日本

一九四五年七月十六日、ネバダ州アラモゴルドの砂漠で世界最初の原爆（プルトニウム型）の爆発実験が行われ、続いて八月六日にヒロシマ（ウラン型）で、そして九日ナガサキ（プルトニウム型）で住民の頭上に投下され炸裂した。一九三八年にウランの核分裂がドイツのハーンとシュトラスマンによって発見されてからたった七年しか経っておらず、一九四〇年にアメリカのシーボーグが超ウラン元素から核分裂性のプルトニウム（地獄の王プルートに因んで名づけられた）を発見してからたった五年しか経っていない。戦時における特殊軍事プロジェクト「マンハッタン計画」として資金と資材と頭脳を集中投下し、短期間のうちに完成させたものである。これまでのＴＮＴ爆弾と比べ威力が桁違いに大きい。そんな武器を手にした軍の首脳部は、新兵器を使ってみたくてたまらない。ソ連との戦後世界の覇権争いで、少しでも有利な立場を確保しておきたい政治家たち。それらの思惑が重なって、誰の目から見ても敗北が明白な日本に原爆を投下することが急いで決定されたのである。枢軸国で最後に残った日本は、核兵器の実験の場として、そして冷戦開始宣言の場として、原爆の洗礼を受けさせられたのであった。こうして核の時代が幕開けした。

一九五四年三月一日、南太平洋でマグロ漁を行っていた第五福竜丸（を始めとする千隻にもおよぶ日本漁船）は、第二の太陽が昇った後に大量に降り注いできた白い粉を浴びた。アメリカがビキニ環礁で行った水爆実験によって放射能を帯びたサンゴ礁が巻き上げられ、遥か一六〇㎞も離れた操業禁止外の海域にまで飛ばされ落下したものであった。アメリカに続いて旧ソ連が原爆を開発したのは一九四九年、そこでアメリカは原爆を上回る爆発力を持つ水爆の開発に乗り出し一九五二年に完成させたが、実験室規模（湿式）であったため実戦には使えない。翌年にはソ連も同じ湿式水爆を開発したため、追われるようにアメリカは一九五四年に航空機で運べる実戦に使用可能な（乾式）水爆の実験を行った。それがビキニで行われた一連の水爆実験（「ブラボー実験」と呼ばれる）で、その爆発力は十五メガトンにも達する。ヒロシマ・ナガサキで爆発した原爆の千倍もの威力である。さっそく翌年にはソ連が乾式水爆実験に成功する。

こうして狂ったように核兵器開発競争が開始されたのだが、又もや日本人がその最初の犠牲になったのだ。しかし、ビキニにおける水爆による被災事故は核兵器開発の実態を知られたくない日米の政治的取引によって公式の被曝事故とはされず、歴史に隠されようとしてきた。これに抗して、澎湃（ほうはい）として巻き起こった原水爆禁止運動によって語り継がれて歴史の抹殺から免れることができたのだが、第五福竜丸と同様に被爆した数多くの漁船については、全く存在していなかったかのごとく歴史から抹殺されたままである。

このビキニ事件の頃から、核開発の歴史は「Mの時代」を迎える。Mは「メガトン」で、水爆の爆発力がTNT火薬に換算して一〇〇万トンを意味する。一九六〇年頃には最大で五十メガトン（TNT火薬五千万トン分）にも達した。大都会の三百万人の人間を一気に殺傷できる爆発力である。しかし、爆発力増強競争はそれ以後頭打ちになる。それ以上の爆発力を持つ爆弾は無意味であるためで、核兵器開発競争は弾頭数を増加させることに変化していったのである。

それとともに、「MからMへ」の時代へと遷移する。「メガトンからメガワット（さらにメガキロワット）へ」、つまり核兵器の増強から原発の大型化へと核開発の重点が移ったのである。原子力潜水艦から陸揚げされた原子炉を大型化し、発電機と組み合わせて大型発電装置（原子力発電＝原発）の開発へと変身させたのだ。そして、一九七〇年頃から商業用原発としてメガキロワット（一〇〇万ｋＷ）級の原発とすることが通例となり、今や世界で五〇〇基（計画中・建設中も含む）もの原発が稼働する状況となっている。

二〇一一年三月十一日、東北地方太平洋沖地震とそれによって誘起された津波によって東京電力福島第一発電所の1～3号機がメルトダウンを起こして爆発し、4号機も巻き添えとなって水素爆発が起こり、大量の放射能を外部へ放出することになった。何度も地震と津波に襲われる日本に五十四基もの原発を海岸縁に建設してきた無謀さがくっきりと曝されたのである。原発の重大事故が、一九七九年のスリーマイル島炉心溶融事故、一九八六年のチェルノブイリ原発爆発事故、そして二〇一一年の福島における四基の原発の連鎖的炉心溶融・水素爆発事故と、四十年足らずの間に三カ所六基に発生した。これは原発の未来に対する重大な警告と見做すべきであろう。

振り返ってみると、日本は核開発の歴史をたどるかのように、原爆、水爆、原発と三度も「核災害」に翻弄されたことになる。なぜ日本は「核災害の先進国」となったのだろうか、そこにどのような意味が隠されているのだろうか。

# 第Ⅰ部　3・11の衝撃――私たちの生き様が問われている

確かに3・11の原発事故は、千年に一回と言われる巨大地震と、それによって引き起こされた大津波に襲われたことから始まった。地震の予知ができないことが明白に示され、津波の予測も不確実なものでしかないことも白日の下に曝された。地震は典型的な「複雑系の科学」で、系が多数の成分から成り、それらの成分の間が非線形関係で結ばれている。そのようなシステムの振る舞いについては、今なお科学的結論を明確に下せない問題なのである。

そして、地震と津波という天災が原発の連鎖的事故の引き金を引き、人災が事故を拡大させた。天災は人間の力では押し止めることは困難であるが、人災は人間が原因で引き起こされるものであるが故に、人間の努力次第でいくらでも小さくすることができる。逆に言えば、人災は人間が対策を怠けて手抜きをすればいくらでも拡大することになる。まさに私たちの生き様という人災が、天災によって始まった原発事故を悲劇的な災害へと拡大させたと言えるだろう。

## 1. 「安全神話」に捉われていた私たち

原発の重大事故が起こって初めて、私たちが原発の安全神話に捉われていたことに気づくことになった。なぜ安全「神話」を根拠もなく正しいと信じていたのだろうか。

その第一の原因として、私は現代の日本人が「健全な批判派」を評価する視点を喪失していたことを指摘したい。「健全な批判派」とは、科学的視点で権力者の姿勢や政策を批判する人たちのことで、そのような人たちからの厳しい批判があるからこそ、権力側も無理な政策を強行することにならないのが通例である。原発で言えば、故高木仁三郎氏をはじめとする原子力資料情報室やそれを支持し協力する人々である。かれらは原発の危険性や非人道性を具体的に示し、真摯に脱原発を主張してきた。しかし、安全神話に馴らされた多くの人々は、自らを客観的正義であるかのように誤認し、原発の「健全な批判派」を「科学を信頼しない反対派」と見做(みな)して無視し排撃するようになった。それは結局、安全神話を鵜呑(うの)みにする安逸で無論理の多数派に同調していったことを意味する。つまり、市民社会が安きに流れて、権力への批判的精神を失ってきたのである。

そのことを裏返せば、私たちは原発を推進していた人々の「異常な発言」に無頓着になっていたということである。例えば、「格納容器は絶対に壊れない」と明言した原子力の専門家がいた。技術には「絶対」はないことを少しでも知っておれば、決して口に出せないのだが、堂々と語られた。また、「原発に事故は起こらないから避難訓練は不要である」という為政者の無責任な言葉もあった。事故を想定しない技術はあり得ないはずで、今から見れば異常な発言であることが明確にわかるのに、私たちはそれを真実であるかのように思い込み、疑い批判する精神を失っていたのではないだろうか。

あるいは、「原発のウラン燃料は五重もの壁に守られているから大丈夫」と言われて安心してしまったのだが、実は「五重もの壁」で守らなければならないほど危険であると想像しなかったのである。現に、フクシマでは五重の壁が簡単に破られて放射能が外部に飛散したのだった。言葉の背景に秘められた状況を想像することなく見過ごしていた私たちは、まさに安全神話に捉われていたと言える。批判的精神が弱まっていた市民の意識を反映していたと言うべきだろう。

## 2.「原子力ムラ」による騙しの構造

原発の安全神話を流布させ人々をマインドコントロールしたもう一つの原因として、「原子力ムラ」と呼ばれる原発推進派の結束した動きがあったことを銘記する必要がある。原発の推進は国策民営が建前であり（実際は国からも多くの予算が投じられてきたが）、その実施においては原子力ムラの面々が役割分担して巧妙な誘導策を講じ、私たちに同調するよう働きかけてきた。それが見事に成功して、私たちは騙しの構造に嵌（は）められたのである。

原子力ムラの先兵は原子力の専門家で、もっぱら安全を保証して政府の「御用」を務める役割であった。原発は現代の科学技術の粋だから、それを専門的に研究して現場を差配する、そんな専門的科学者のお墨付きが欠かせない。そこに付け込んで政府や産業界から重用され、安全神話を振りまいてきたのである。原子力分野の専門家がこぞって「御用学者」と言えるのは、学界として一致団結して、少しでも原発を批判する研究者が内部から出ると村八分にして排除するためである。私は「原子力マフィア」と呼んでいるが、その結束力によって批判派を抹殺するという、学問の世界には馴染まない体質が顕著に見える。

　その学者の安全合唱を背景にして、政治家は科学的な吟味をしない（できない）まま原発推進路線を踏襲し、官僚は政治家と業界（主には電力業界だが、経済界全体を指すこともある）の意向を尊重して甘い行政措置しかしないという枠組みが成立していた。この政治家・官僚・業界の三者が原子力ムラの本命である。いわば原発利益集団で、フクシマ原発事故が起こったにもかかわらず、今なお原発再稼働や核燃料サイクル推進路線が変わらないのは、その権益を放したくないためだ。彼らの主張の論拠は経済論理だけで、それも近視眼的に原発による利益を確保することしかない。電力業界は地域独占を保証されているが故に政府と癒着し、大量消費という経済界の支持を背景にして、ひたすら原発に縋りつこうとしている。官僚はその意向を忖度して監督責任をサボり続けてきた。原発を監理する経済産業省の原子力安全・保安院がその代表であったし、動燃（動力炉・核燃料開発事業団）や原子力開発機構など核燃料サイクル路線を継続している経産省や文科省の原子力部門も同罪で、その結果がフクシマの過酷事故なのである。

原子力ムラには、もう一つ重要な構成員がいる。マスコミである。電力業界は宣伝収入の最大のスポンサーであり、マスコミは金欲しさに原発安全のキャンペーンを張って応援団の役割を果たしてきたからだ。人々に対するマスコミの影響力は直接的であった。「健全な批判派」が無視されるようになったのも、マスコミがそのような批判派の意見を意識的に無視したり歪曲して伝えたりしたためである。マスコミは、本来、政府が打ち出す施策について批判的に伝えることが期待されているのだが、原発に関してはその任務を放棄してきた。以上の五者（学者、政府、官僚、業界、マスコミ）を「原子力五角形（ペンタゴン）」と呼ぶ。

原発のみならず、あらゆる政治や社会の動静において、私たちはこのような騙しの構造に囲まれていることを常に意識し見抜く訓練をしていなければならない。つまり、「騙されていた」という言い訳は通用しないということである。言論が自由であり、勉強しようと思えばいくらでも参考文献が手に入る日本において、騙されることは本人の怠慢と言えるからだ。そして決定的なのは、最初に言った「健全な批判派」の言葉に耳を傾けなくなっていたことで、権力を持つ人間に騙されないためには「健全な批判派」を孤立させてはならないのである。

## 3. 司法は？——大飯原発訴訟判決

実は私は、司法（裁判所）も原子力ムラの一員に加えなければならないと考えていた。これまで住民が原告となって原発の「設置差し止め」の行政訴訟や「運転差し止め」の民事訴訟を二十件以上提起してきたのだが、「もんじゅ」の高裁判決と志賀原発の地裁判決以外、すべて国または電力会社が勝訴しており、この二件も上級審の判決でひっくり返されたからだ。基本的には、伊方原発の最高裁判決にあった「国の原子力委員会が下した判断を尊重する」との判例が踏襲されており、各裁判官が独自の考察や検討を加えてこなかったのである。裁判所（裁判官、特に高裁や最高裁判事）も原子力ムラの一員と見做されても仕方がなかったのだ。

しかし例外もある。二〇一四年五月二十一日に出された大飯原発運転差し止め訴訟判決は、まさにフクシマ原発事故に学んだ裁判として画期的であった。[注1]

その理由の一つは、「個人の生命、身体、精神及び生活に関する利益は、各人の人格に本質的なものであり、その総体が人格権であり、憲法上の権利である」として「人格権」に最高の価値を置き、それを「具体的侵害のおそれがあるときは、人格権に基づいて侵害行為の差し止め請求ができる」としたことである。つまり、原発という危険性を有するものは人格権を侵害する可能性があるとして、運転差し止めを認めたのだ。そして、人格権に比べれば原発の経済性などは劣位に置かれるとしてこれを退け、「原子力発電技術の危険性の本質及びそれがもたらし得る被害の大きさは、福島原発事故を通じて十分に明らかになったと言える」として、大飯原発においても危険性があることを認めたのであった。

もう一点重要なことは、判決理由に「原子力発電所の特性」、「冷却機能の維持について」、「閉じ込めるという構造について」、「使用済み核燃料の危険性」などの項目を設け、原発の欠陥、予想される地震強度の不確定性と対応技術の不十分さ、また使用済み核燃料の保管設備の不備など、技術的要素について具体的に検証し判断を下していることである。これまでの判決では科学論争を避ける姿勢に終始してきたのだが、科学・技術の側面にまで踏み込み、旧来の姿勢を一変させたのだ。

むろん被告であった関西電力は即日控訴して上級審に移されたのだが、今後司法がどのような判断をするか、注視する必要がある。[注2]と同時に、このような勇気ある判決が続出するよう働きかけていくことが大事だろう。裁判所を第六の原子力ムラの一員としないためにも……。

注1　続いて、二〇一六年三月に大津地裁から高浜原発の差し止めの仮処分に対する同様な判決が出され、二〇一七年十一月には伊方原発の差し止めの仮処分を認める広島高裁の判決が出された。むろん、住民側の訴えを退ける判決の方が多く出されているが、司法の世界でも自らの良心に従った判決を下す裁判官が存在していることがわかる（広島高裁の裁判長は定年前の最後の判決であった）。

注2　上級審においては二〇一七年三月に大阪高裁が仮処分の決定を覆したが、一部原告の主張を取り入れる姿勢も示してはいる。しかし、二〇一八年七月には、大飯原発の訴訟が名古屋高裁で裁かれ、一審の判決を取り消して、「原子力規制委員会が審査して適合の判断を下したのだか

ら、それを受け入れるのが妥当」との、国や関西電力の言い分をそのまま認めた判決が出された。これは福島事故前に採っていた司法の判断と同じで、事故を経験したにもかかわらず上級裁判所は変化していないと言うべきだろう。

### 4．事故の背景——技術の限界・妥協・割り切り

私たちにとって、当たり前過ぎるためにかえって忘れていることがある。「技術に完全はなく、むしろ不完全であることを公認して技術は行使されている」ということだ。つまり、人工物を製作するとき完全に安全なものを作ることは不可能だから、ある基準（耐震基準とか建築基準など）を設けてそれを満たしておればＯＫとするのが通例である。その基準は、工期の制限（あまりに長期の工事を必要としない）や費用の制約（あまりに高価になってはならない）という工事を行う者への条件や、使い勝手の便宜（例えば、何重もの安全装置はかえって使いづらい）も考えて定められている。むろん、技術的能力や経費負担のし易さなどの境界条件も考慮され、基準は厳し過ぎては守られないし、甘過ぎては基準としての意味がない。そして技術の進展とともに絶えず改訂され、より厳しい基準に変えていかねばならない。

それを技術の「妥協」とか「割り切り」（「原子炉の設置において、安全装置をすべて付けようとすると本体を動かせなくなるので、そこは「割り切って」省略しなければ原発を作ることができない」と

いう班目春樹元原子力安全委員長の言）と言う。例えば、建築物には耐震基準が定められており、それを満たしておれば合格としている。言い換えれば、耐震基準が想定している以上の地震が来れば、その建物は当然崩壊することを私たちは予め認めていることになる。私たちは、そのような技術に囲まれて生きていることを忘れてはならない。

原発のストレステスト（耐性試験：原発に人為的にストレスを与えて、その応答がどこまで正常かを調べるリスク管理手法）が行われたとき、「クリフエッジ」という言葉が使われた。クリフは崖、エッジは端っこの意味だから「崖っぷち」で、これを超えると崖から転がり落ちるように過酷事故が起こる。そのギリギリの値ということになる。大飯原発の場合の地震強度（揺れの大きさを重力の大きさに換算した値）のクリフエッジは１２６０ガルで、それがいわば原発の生命線である。これに対し、原子力規制委員会が地震強度の目安（基準）にしているのは「基準地震動」で、過去の地震例や地震学の知見から推測される地震の強さで、原子炉はこれに耐えることが求められる。大飯原発の場合は７００ガルである。過去においては何度も基準地震動を超える地震に襲われているから、甘い基準と言わねばならない。そして、クリフエッジにしろ、基準地震動にしろ、その科学的根拠は希薄で、この程度だろうと見繕っている値だから、さしずめ「願望値」でしかないと言える。

だから、原子力規制委員会が定めた新規制が決して世界一厳しい基準ではないことは明白である。そもそも規制委員会は技術的側面しか審査の対象としておらず、技術の限界を考えれば、原発の安全を保証するものではない。そのことをよく知っている田中俊一委員長は「規制基準に適合したからといって、安全が保障されるわけではない」と再三言っている。さらに、事故が発生した場合の避難計画について規制委員会は何ら審査していない。地元自治体が作った避難計画がズサンであってもチェックしていないのである。それらのことを知りながら「世界一厳しい基準に合格して、安全が保証された原発から再稼働する」との安倍首相の約束は、空疎な言辞でしかない。ところがそれが何度も繰り返されると、知らぬ間に信じてしまう。私たちは言葉のテクニックに騙されてはならない。

## 5. 原発の「反倫理性」

原発が反倫理性を固有に孕んでいる技術であることをはっきり認識しておく必要がある。原発からいかに大きな利得を得ようとも、原発に必然的に染みついている反倫理性から救い出せないなら、原発と手を切ることを考えなければならないからだ。私が敢えて「反倫理性」という強い言葉を使うのは、倫理的に判断すれば許されることではないことを、もっとあからさまに強調すべきと考えるためである。

反倫理性の第一は、過疎地に「押しつけている」ということである。原発の危険性を考えれば人口が密集する都市には建設できず、見るべき産業がなく人口が減少している過疎地域に押しつけることになる。これを哲学者の高橋哲哉は「犠牲のシステム」と呼び、米軍基地を沖縄に押しつけているのと同じ構造であると指摘している。地方がもっぱら犠牲を引き受け、中央を支える構造である。私は、これは私たちの裡にある「植民地的発想」のためではないかと思っている。地域社会に小さな金を恵んで大きな迷惑を押しつけ、それによって生じるさまざまな利益を中央が搾取する構造は植民地支配と同じであるからだ。

反倫理性の二つ目は、原発には、強い放射能を持つウランを、採掘から使用済み燃料の廃棄までのあらゆる局面で扱わねばならないことに関連する。アメリカでは先住民の居留地でウラン採掘を行っており、ウラン鉱山跡はそのまま放置されている。また、ウランの精製から原発への搬入、定期検査や修理、そして放射性廃棄物の処理、これらの一連の過程において、特に下請け労働者がウランによる放射線被曝を必然的に受けざるを得ない。例えば、原発の修理のときは原子炉の近傍や内部で大量の放射線被曝を避けることができず、その過酷な労働を最も弱い立場の労働者に「押しつけている」のだ。原発には必然的に被曝労働が伴い、それを担う人間に対する反倫理性は逃れられないのである。

反倫理性の三つ目は、累積する放射性核廃棄物を後の世代の人間に「押しつけている」ことだ。私たちの子孫たちは、自分たちにとっては何らの利益にもならない核廃棄物を十万年以上もの間、費用を負担して管理しなければならないのである。世代を超えた倫理違反と言えるのではないだろうか。ところが、現在において核のゴミの最終処分地はまだ決まっておらず、すべて後回し・先送りにしている。迷惑施設であると知っているからこそ引受先がないためだが、有無を言わせず将来世代に押しつけていることの矛盾に気づいていないかのようである。

さらに原発が事故を起こせば、放射能で汚染された土地を放棄せざるを得ず、故郷を喪失する人々が続出する。また、放射能で大気、海、生態系を汚染して世界中の人々に迷惑を与えることになる。いずれも事故による放射能汚染が一方的に多数の人々に「押しつけられる」のだ。これも放射能を扱う原発が必然的に持っている反倫理性と言える。

このように、原発に絡むさまざまな困難点を、弱者あるいは未来世代に「押しつける」という形で凌がざるを得ないことが原発の反倫理性の具体的表れである。私たちは薄々原発の反倫理性を感じながら、それを許容してきたという事実を否定できない。それは私たちが原発による経済的利益だけを満喫する多数派にいるためであり、「押しつけられている」少数派や被害者の立場を斟酌（しんしゃく）しない状況を反映している。このことをじっくり考えねばならない。

## 6.「核の時代」の反倫理性

人体に悪影響を及ぼす放射線を放出する核（放射性同位元素）を扱うようになって百年以上になる。その間、放射線に関わって人類はいくつもの反倫理的行為を犯してきた。

その一つの反倫理性は、おぞましい「人体実験」である。例えば、一九五〇〜六〇年代のアメリカにおいて、原子力委員会（当時）が企画・実行した人体実験がいくつもあった。末期のガン患者にプルトニウムを飲ませて、体内のどの臓器にどれくらいの期間滞留するか、囚人にX線照射をして照射量とガンの発症率にどのような関係があるか、核実験を行った跡地を兵に行進させてどれくらい被曝するか、などを調べたのである。いずれも被験者に詳しい説明は一切せず、また病気になっても治療せずにデータを取るのみであった。ヒロシマ・ナガサキの被爆者検査を行ったＡＢＣＣ（原爆傷害調査委員会）も同じで、一切治療を行わずに被爆後の症状の変化を観察するのみであったから、ＡＢＣＣの行為も人体実験であった。その言い訳は、「これによって得られたデータによって公衆に安全な放射線量が決められ、多数の人間のプラスになった」という功利主義的なもの（多数の幸福のために少数者が不幸になっても止むを得ないとする考え）であった。私たちは、このような功利主義の考え方に対しどう対応すべきなのだろうか。

もう一つの反倫理性は、俗に「国際原子力ムラ」と呼ばれている、国境を越えた放射線管理方式における政治的な偏りである。現在、私たちは放射線管理について一九五〇年代に創設されたＩＣＲＰ（国際放射線防護委員会）の勧告を最も信頼できるものとしている。しかし、実はその勧告や指針は「核開発を阻害しない」ことを前提として出されてきたのであり、人々の健康への悪影響は二の次とされてきたのである。その根本的な理由は、原子力開発を積極的に進めたいアメリカがＩＣＲＰ（やＷＨＯ〔世界保健機関〕や国連のＵＮＨＣＲ〔国連科学委員会〕やＩ

AEA（国際原子力機関）など）の主導権を握っており、原発の売り込みをスムースにし、核兵器への忌避感を小さくするためである。例えば、放射線を厳重に管理することには常に及び腰であった。厳重管理をしようとすれば放射線発生装置や検出機器をより高度で精確なものにしなければならないが、そのためには多くの予算が必要になるから原子力利用の道が狭められることになる。というわけで、不完全な管理でもよしとしてきたのである。あるいは、それだけ金をかけて得られる利益（ガンの発見率の向上）は小さすぎるとか、ガンを見落として生じる生命の損失よりも装置改善に使う費用の方が大きいためムダであるとかの、コスト・ベネフィット論が使われてきた。人間の命をコスト計算の材料としてしか扱っていないのである。

その影響もあって、日本の放射線防護学の専門家の多くも費用対効果ばかりを気にして、「100ミリシーベルト以下では問題はない」とか、「福島の児童の甲状腺ガンの陽性者は原発事故による被曝の影響ではない」と断言する始末である。被曝の影響が症状として具体的に現れるかどうか時間をかけて検証しなければならず、そのような結論を出すのは時期尚早というのに。また、被曝限度量を1ミリシーベルトから、緊急時であるという理由で20ミリシーベルトに引き上げてしまった。それによって被曝患者が増加しているはずで、その調査も行わないまま帰還政策が強行されている。このような判断を下した専門家の偏向について、私たちは常に監視し告発し続けなければならない。

## 7. トランスサイエンス問題

「科学に問うことはできるが、科学のみでは答えることができない問題」をトランスサイエンス（科学を越える）問題と呼ぶ。科学に関係があるのだが、科学的な議論のみでは答えが出せない問題のことである。そのような問題は実に多くあり、科学以外に哲学や倫理や人間心理など幅広い観点から議論して答えを探すことが求められる。具体的に、トランスサイエンス問題としてどのような問題が提起されているかを見てみよう。

コストとベネフィットはそれぞれ科学的に計算できるが、単純にその大きさの比較だけで結論が出せない問題が多い。例えば、コストの担い手とベネフィットの受け手が異なっている場合で、コストよりベネフィットが勝るという理由だけで採用していいことにはならない。コストばかりを引き受けざるを得ない人（通常は少数）と、常にベネフィットばかりを得ている人（通常は多数）と分かれていたら、コスト・ベネフィット論は公正とは言えないだろう。原発事故でコストを担わされる過疎地の人々とベネフィットだけを得る都会の人々と分かれており、コストとベネフィットの比較だけをすれば結論は明らかとなってしまう。それでいいとなると、全てが議論するまでもなくなり、不公正が罷り通ることになる。

コスト・ベネフィット論の盲点は、計算できないコストや数値化できないベネフィットがあるのだが、それが科学的計算には入ってこないという問題があることだ。原発事故では直接の死者は少ないとしてコストを小さく見積もるのが常だが、実は微量であっても放射線被曝したことによって、病気にならないか一生苦しむ多数の人々がいることは、原発事故のコストに入っていない。正確なコスト計算ができないからだ。しかし、これらの要素をどう組み入れるかが重要で、単純なコスト・ベネフィット論は成立しないのである。

原因と結果が一対一で結びついていて答えが明確に求められる従来の要素還元主義の科学とは異なった、明確な科学知が得られない複雑系の科学においては、そもそも科学だけでは答えられない（科学的予測ができない）問題が多いことは明白である。地震や津波発生の予知、生態系の変容、環境問題の帰趨（きすう）、気象や気候の変動、人間の気質や人体の多様性、遺伝子操作に関連する諸問題など、科学の対象であっても科学ではすっきり答えが出せない問題が数多くある。しかし、これらの問題に対して何らかの対策や対応が求められることが多い。

もう一つの問題は、多数のサンプルから統計的に処理してある事象が起こる確率を求めることはできるが、現実にはその事象が起こるか起こらないかはわからないという問題である。確率そのものは科学的で信頼できるが、実際にその事象が起こるのは0％か100％かでしかない。つまり確率でしか答えられない事象の場合、平均確率がわかっても個々のケースには適用できず、いずれに賭けるかを思案するにおいては、科学以外の要素が重要になってくるのである。例えば、この手術を行わなければ死亡確率が70％だと医者から言われて手術をしても、結果において手術が成功するか（0％の死）失敗するか（100％の死）のいずれかであり、70％分だけ死亡するということにならない。だから、手術をしない場合との得失の比較や手術費用や時間的余裕などを考慮して、手術するかどうか決心することになる。

あるいは、「共有地(コモンズ)の悲劇」を招くような問題がある。誰でもがアクセスできるような共有地（社会共通資本）では、その利用が自由放任であると無秩序な使い方となり、必ず荒れ地（悲劇）になってしまうという問題である。この悲劇を招かないためには、利用者を制限して、それぞれがその利用を悲劇を招かない基準以下にするよう協定を結ぶのがよいと科学では言える。しかし、利用をどのように制限するか、基準をいかに決めるか、違反をどう監視し、違反者にどのような罰則を与えるか、などについては科学では答えられない。社会的な通念や慣習など、配慮すべき多くの問題があるからだ。

その典型的な問題が、海という共有地に棲む魚の漁獲問題だろう。現在では（クジラとマグロ以外）漁獲制限はなく、各国は取り放題であるから、このままではいずれ海に一匹の魚もいなくなってしまうのは確実である。共有地の悲劇が迫っているのである。科学が言えるのは、総漁獲量がこれ以下なら持続可能であるということのみであって、どのような漁獲制限条約を結ぶべきかについては、科学以外の要素が多過ぎて答えられないのだ。

同様の問題として、技術の限界点（妥協点）を建築基準とか立地指針とかで示しているということがある。それがなければ技術の行使は無秩序になり、不十分な水準のために大事故によって悲劇が引き起こされる危険性がある。それを避けるために、使われる技術の基準や指針が決められるのだが、どのように決めるかにおいては、科学・技術のレベルだけでなく経費や手間や企業の要請や利用者の便宜などを考え合わさねばならない。それらを決めるには科学以外の考察が必要なのである。その意味で、原子力規制委員会の「新規制基準」もさまざまな要素が混じった「妥協」の産物なのである。

さらに問題を拡張すれば、現在「科学的警告と利益への誘導」がせめぎ合うような問題が多く生じている。例えば、ＡＩ（人工頭脳）の研究を突き詰めていくとロボット兵器が現われ、監視社会が徹底されてくるというような科学的見地からは暗い未来が予感されるが、さまざまな応用が可能で経済的利得が大きいということからＡＩの開発を規制できないでいる。あるいは、ゲノム編集による遺伝子改変技術は、それによってどのような生物体が生まれて生態系や人間の未来にいかなる危険性をもたらすかについて科学的な警告も発せられているが、商業的利用価値が高いとして研究がどんどん進められている。ＡＩもゲノム編集も、いわば現代の科学技術が開拓した共有地であり、そこに科学者とともに商業資本も乱入して無秩序に果実をもぎ取ろうとしている光景と言えよう。そこでは科学技術は便利な道具に過ぎず、科学以外の要素が先行きを決める事態となっているのである。

原発のような反倫理性を孕む科学や技術は多くある。実際、兵器として使われた場合に悲惨な被害しかもたらさないとして開発・生産・使用・輸送・貯蔵などを禁止した、生物兵器禁止条約（一九七一年）、化学兵器禁止条約（一九九二年）、地雷爆弾禁止条約（二〇〇六年）、クラスター爆弾禁止条約（二〇〇八年）などが結ばれてきた（核兵器禁止条約は二〇一七年の国連決議のみである）。これらの兵器は反倫理性故に禁止されたのだが、兵器ではなく日常の原発のような大きな危険を孕む技術も反倫理性の観点から禁止を検討することも考えてもよいのではないかと思う。原発も人格権と経済性の選択になっているのだから、その採否はトランスサイエンス問題の範疇に属することになるからだ。

このように考えてみると、トランスサイエンス問題は幅広く社会に溢れており、私たち自身の選択あるいは決断が求められている課題が多くあることに気づく。「我思う、故に我在り」で、他人の言うことを鵜呑みにせずに自らの頭で考え、お任せ民主主義ではなく自ら決断することが求められているのである。

## 8. 科学者の社会的責任

科学者の一人として、私は原発事故に関連して科学者の社会的責任を問いたいと思っている。単純に言えば、「原発の反倫理性を知っていながら、そして科学・技術に絶対はなく限界があることを十分知っていながら、なぜ無責任に安全を保証し、人々に推奨してきた（今もしている）のか？」という問いである。科学者は科学の使われ方についてもっと関心を持ち、市民が正しい選択ができるように手助けするのが科学に携わる人間の社会的責任なのではないだろうか。

かつてスペインの哲学者のオルテガ・イ・ガセットは『大衆の反逆』において、「科学主義の野蛮性」を指摘した。科学者は自分の専門のことについてはめっぽう詳しいが、そこを一歩でも出ると無知のままである。しかしその自覚がなく、あたかも何でも知っているかのように振る舞いたがる。それを科学主義の野蛮性と呼んだのである。この指摘通り、科学者は自らを社会の主人公であるように錯覚して傲慢になっていると言える。特に私は、原子力や放射線の専門家が御用学者になっていることを自認すらしつつ、なおその役を果たそうとしていることに限りない野蛮性を感じてしまう。

私が科学者に対して求めたい要件は

(1) 科学・技術の限界を常に意識し、それを越えれば何が起こるかを想像して人々に伝えること、
(2) 真実に対して忠実であり、自分が間違えば潔く意見を修正すること、
(3) 何事も公開してオープンな議論を行い、衆知を尽くすよう努めること、
(4) 科学者は社会的にエリートであり、ノーブレス・オブリージの精神で人々と相対すること、

である。これは科学者に限らず、すべてのプロフェッションと呼ばれる職業に共通する要件と言える。科学者は特権や権威を持って社会を牽引(けんいん)する存在ではなく、自らが知り得た知識を社

会のために活かすことが求められる、高い道徳的義務を有する職業人なのである。

言い換えれば、通常の人々が知り得ない事柄を科学者は知っているという意味では特別な存在であり、その知識を市民に開示し、市民とともに考えるという姿勢を貫く存在であるべき、ということなのだ。このことを市民も自覚し、科学者を市民社会のためにどう生かすかを考えるべきだろう。

## 第Ⅱ部　未来の創造のために

以上のように、3・11の衝撃を受けて、私たちはこれまで見過ごしてきた多くのことに気づかされ、さまざまなことを新たに学び、今後どのような方向に進むべきかを考えねばならないと迫られた。大震災や原発事故を単に同時代に勃発した一つの悲劇に止めず、自分自身の生き方や社会の在り様を見直し、今後のあるべき姿を模索し創造する、その契機としなければならないと思う。それほど大きな問題が提起されたのである。また私たちもこの事件を社会が大きな変革を求めている兆候と捉え、その中身を具体的に考察・展開していくことこそ私たちに課せられた時代の要請と考えるべきなのではないだろうか。明らかに哲学的にも社会的にも歴史が大きく変動する時期に差しかかろうとしているのである。その意味では、若者にとっては実にやり甲斐のある時代に巡り合わせたと言うべきだろう。

## 1. トランスサイエンス問題に対して

科学者として、そして未来の創造者として、第一に提起したいのはやはりトランスサイエンス問題にどう対応していくかということである。トランスサイエンス問題は、社会における合意を得る手続きについて、これまでの方式を反省し、新たな論理を構築しなければならないことを示唆している。それによって哲学・思想・倫理・心理・教育・法の精神などと科学的思考を合流させ、新しい知恵を見出していくことが可能になるだろう。むろん科学の重要性が軽くなったわけではなく、科学の知見をより広い文脈の中で見直す作業なのである。

ここで、持つべき新たな論理はいかなる条件を備えていなければならないかを考えてみよう。それは、現在の社会に流布している論理を補完し乗り越えるものであるから、そう簡単に通用するようになるとは思えないが、共に考え続けることによってやがて人々が共有する意志になっていくのではないだろうか。まさに現代は、そのような思想の変革期に差しかかっているのである。

私が考える新たな論理が備えるべき条件の第一は、「通時性思考の回復」である。近代革命によって人類は「共時的思考」（現時点における人権や人格を最大限に尊重する思考）の重要性を発見した。それまでの封建主義に基づく「過去からの通時性」（門閥や血統など過去から引き摺っている特権）を否定した。それは画期的で正しいことであったが、時代を経るに従い、未来世代のことまで考えるという「未来への通時性」の発想を失ってしまった（かつては百年先の孫の世代に役立つだろうとして植林する習慣があった）。それどころか、厄介なことやすぐに解決できないことは無責任に先送りし、未来世代に難題を押しつけるようになってしまった。まさに「我が無き後に洪水よ来たれ」なのである。このような近視眼的な発想を改め、未来世代に負担を先送りする行為はすべて拒否する（実行しない）とすべきではないだろうか。

二つ目の条件として掲げるのは「予防措置原則」で、通時性の回復にも通じる条件である。要するに、人々の健康や環境への悪影響が指摘される事柄については手をつけない、あるいは基礎実験に止め、いつでも撤退できるよう予防的な措置を優先するということだ。これまでは、たとえ危険性が指摘されても、近視眼的な利益を求め、商売のためにベネフィットばかりが強調され、その結果手ひどい被害を受け回復不可能ということが多く起こった。これを繰り返さず未来を大事にするためには「疑わしきは罰する」原則を確立しなければならない。

三つ目の条件は、弱者・被害者・少数者など現在の功利主義的立場からは排除されがちな人々の意見を優先するというものである。最大多数の最大幸福は民主主義の原理となっているが、それを口実にして多数派に属さない人間の意見を排斥したり切り捨てたり無視したりすることが通例になってしまった。そのために多数派に便乗するとか、権力を持つ者にお任せするという風潮が広まり、自ら判断を下さないという真の民主主義から外れた無責任な状況が生まれている。これを乗り越えるためには、むしろ少数派の意見を優先して尊重するというのはどうだろうか。それは必然的に社会的弱者や（公害や薬害や災害の）被害者の意見を優先して組み入れることに通じる。そうなれば、誰もが自分の意見を持ち、百家争鳴となるだろう。それこそが求めたい状況である。

以上の三条件は今のところ思いつきに過ぎないが、このような新たな論理を議論し合うことを通じて、現在のおかしさに気づくことも重要なのでないか。

## 2. 地下資源文明から地上資源文明へ

二つ目の未来の創造への示唆は、三〇〜五〇年という時間スケールを必要とするのだが、学生諸君にはその一生の間に必ず遭遇するであろう「文明の転換」の問題である。

現在の文明は地下資源（エネルギー源としての化石燃料と人工物の資材となる鉱物資源）に依拠した文明で、産業革命以来高々二五〇年程度の歴史しかない。しかし、資源量の有限性（資源の枯渇）と環境容量の限界（廃棄物の累積）のために、数十年のうちに終焉を迎えることは確実である。資源の上流（生産）と下流（廃棄）の両方でやがて遭遇する有限性の壁を乗り越えられないからだ。とすると、来るべき文明は無限に近い資源量と環境と調和的な地上資源（太陽・空気・水・土地・植物など）を最大限に活用した文明にならざるを得ない。そのような転換の時期を三〇～五〇年のうちに迎えることは確実ではないだろうか。

地下資源は、その効率性（エネルギーの塊であり、鉱物含量が高い）によって大量生産・大量消費・大量廃棄構造を社会に定着させることになった。その技術体系の特徴は施設や設備の大型化・集中化・一様化であり、経済的には生産過程の合理化を通じて市場経済（資本主義）に適合させていることは事実である。その結果としてもたらされた政治的・経済的状況は中央集権体質・資金の短期回収（近視眼的経営）・貧富の格差拡大であり、お任せ民主主義と欲望の止め処ない拡大であるのは周知の通りである。今や地球全体がグローバル資本主義の舞台となり、弱肉強食の体制が全世界を覆いつつある。しかし、それは長続きしないことは目に見えている。

日本は「地下資源に乏しい国」であるにもかかわらず、農業を切り捨てて工業化を推し進めてきた。ところが、地下資源の枯渇が言われるようになり（事実、地下資源の減少による価格の上昇傾向は止められない）、地球の温暖化による気象異変が引き金となって環境の脆弱性が露わになりつつある。このまま推移すれば、いつ資源獲得の戦争が勃発するかわからず、痛めつけられた環境の修復のための費用も莫大なものになっていくことは確実である。地下資源文明は地球の有限性の壁に直面しつつあり、終焉の時期が近づいているのだ。

他方、地下資源と対極的な地上資源には大きな可能性がある。日本は、「地上資源の豊かな国」であり、有利な立場にあるからだ。地上資源には、エネルギー源（発電方式としての太陽光・太陽熱・風力・水力・潮力・地熱・バイオマスなど）と石油に代わる製品素材（「グリーンイノベーション」と称せられるバイオマス材料を使って作成した化合物である。バイオプラスチックや薬品・染料・油脂など）という二つの使用用途がある。

エネルギー源としての再生可能エネルギー（自然エネルギー）と呼ばれる発電方式では、エネルギー密度が小さいから必然的に設備が巨大になって経費が高くつくことと、天候・昼夜・季節などによる変動が大きいために、単独では不安定で他の電源と組み合わせる必要があることは事実である。しかし、実証研究が進み、スマートグリッドのようなＩＴによって欠点を補う工夫もなされて各国は競って再生可能エネルギーへの転換を進めるようになっている。また、バイオマスをさまざまな製品の素材とする可能性は開かれているが、まだ製作費が高く石油製品と匹敵するほどにはなっていない。しかし、今後の研究によって克服できる可能性があり、時間をかけて開発していくことが求められている。事実、大学でバイオと名付けられた研究部門が次々と発足している状況である。

地上資源を活用する時代になると、技術体系は小型化・多様化・分散化が主となって、もっぱら地産地消の少量生産・少量消費・少量廃棄になっていくことは必然である。こうなると生産と消費と廃棄が直結するから、自分が必要とし始末できる分しか消費せず、必然的に廃棄物が少なくなる。それは自己の責任と権利を全うする地方分権（地方自治）を促し、自然と密着し自律した個人の確立につながり、ほどほどの欲望で満足する生活スタイルとなっていくだろう。地上資源の豊かな日本だから、いずれこのような地上資源文明に移行するのは必定のように見える。

問題は、いつそのような時期を迎えるか、私たちはどのような準備をしておくべきか、であるだろう。それに対しては、ドイツの動きが参考になる。

## 3. ドイツの挑戦

フクシマ原発事故の報を受けて、ドイツは二〇二二年にはすべての原発を廃止することを決定した。持続可能という人類の目標に対して原発は倫理的（な発電方式）ではないという理由であった。そして、化石燃料の比率を減らし再生可能エネルギーの割合を二〇一四年には全発電量の22％のレベルにまで増やしているのを加速させ、二〇二五年には35％まで増やし、二〇五〇年には55％とする、という実に野心的な目標を設定した。はっきりと次世代のエネルギー源は地上資源だと見定め、その実現に向けて具体的に歩みだしているのである。なぜ、ドイツではそのような決断が可能であったのだろうか。

その最大の理由は、ドイツでは褐炭を用いた火力発電が今でも最大の電力源であり、地球環境に大きな負荷を与えているという自責意識が強いことである。そのような状態から脱しようと環境保護を訴える緑の党が早くから多くの国民の支持を受け、再生可能エネルギー買取制度を二〇〇〇年に実現している。そのために電気料金は高いが、止むを得ないとして受け入れているのである。つまり「経済より環境保全を優先する（エコノミーよりエコロジー）」という考え方が多くの国民の合意となっているのだ。そして環境問題から原発に頼る方向も出ていたが、フクシマ事故によって原発の環境への悪影響を考えるようになり、すっきりと再生可能エネルギーを重点とする政策を採用することにしたのだ。

むろん、ドイツにも困難がある。再生可能エネルギーの買取制度を拡大したこと（特に太陽光発電）によって、電気代が高くなって国民に困難を強いていることは否定できない。また、最大の再生可能エネルギーの生産はドイツ北部の海岸での洋上風力発電なのだが、電力の主要な消費地はミュンヘンのような南部地方だから、ドイツを南北に横切る高圧電線を引かねばならない。その送電線が引かれる地域で反対運動が根強く（誰でも頭上に高圧電線を引かれたくないから）工事が進んでいないのだ。また、風力発電の不安定性を補うためにバックアップ用の火力発電所を建設しようとすれば、それに対しても二酸化炭素排出の反対運動が強いので電気の安定供給に支障を来す恐れがある。実際、風力発電量が少なくて電力不足となったり、逆に発電量が多すぎて電力が余ってしまう懸念があると言われている。

これらの困難はありながら、何とかドイツは目標を達成していくことだろう。ＥＵのリーダーとして自分たちの役割を強く意識しているからだ。

## 4. 翻って日本は？

ドイツの先進的な動きに比較して、日本は一周遅れどころか二周遅れの状態にある。再生可能エネルギーが全電力需要量に占める割合はまだ数％であり、今後一気に増えるという見込みもない。政府が率先して工程表を作り、先頭に立って再生可能エネルギーの使用を推進しようという姿勢を示していないからだ。それどころか原発の再稼働に前のめりで、閣議決定した「エネルギー基本計画」において原発をベースロード電源と位置付けており、エネルギー政策は従来と変わっていない。実際、二〇二〇年のオリンピック招致やリニア新幹線の支援に見るように、これまでと同じ公共事業優先政策をそのまま継続しているのである。近視眼的な経済論理優先で、文明の転換などという発想は爪先ほどにもない。このままではますます国の借金は増え、それを未来世代に先送りするだけなのである。

さらに、それに輪をかけて原発を開発途上国に輸出しようとしていることに、恥ずかしさと情けなさを覚えてしまう。フクシマの原発事故の詳細がまだ明らかになっていないのだから安全を保証できるはずがない。それにもかかわらず、原発を売り込もうというのは何と厚顔なことであろうか。それも原子力の専門家が率先して行っているのである。原発はもはや商売にならないと見限った企業（W H〔ウェスティングハウス〕）を買収した日本の大手企業（東芝）が、WHの借金の肩代わりをせざるを得なくなり、倒産の危機に陥った。その状況を横目に見ながら、日立や三菱が国をせっついて輸出攻勢をかけているのである。アメリカから原発技術を導入してようやく一人前になった頃にはその技術の需要が少なくなっている、そんな日本の技術の後進性を象徴しているかのようだ。「エネルギー基本計画」には「原発が万が一事故を起こせば国が責任を持つ」と書かれているが、輸出先の国で事故が起これればどうするのだろうか。そこまで国が面倒を見るのだろうか、それとも外国のことだからと無視するのだろうか。[注3]

このような日本の現状を見れば絶望的なのだが、政治を変えて地上資源を重視する方向に政策が転換できれば、逆に大きな可能性を孕んでいることを押さえておきたい。

まず日本は地上資源の宝庫であり、いったん利用・開発への弾みがつくと加速度的に進む条件があることだ。例えば、再生可能エネルギーの全量買取制度によって太陽光発電は原発十基分もの申し込みがあった。権利だけを確保しておくとか、最初の資金繰りに苦労している、というような理由で実際に実行されたのは三割程度とされるが、現実に動き出せば大きな可能性を秘めていることは確実である。風力発電や地熱発電も同様で、せっかくの地上資源の活用を今後拡大していく条件は整いつつある。

もう一つは、日本の技術力は世界一のレベルにあり、地上資源の利用に本格的に取り組めば新しい産業の創出や雇用を生み出すであろうと予測できることだ。日本はエレクトロニクスとか半導体とか液晶などの技術開発においていったん世界をリードしたのだが、ノウハウが世界に広がると人件費の安い国に抜かれてしまうということを繰り返してきた。持続的に競争力を維持する産業構造とする必要がある。地上資源の本格的利用には非常に多くのイノベーションの要素や新規の技術革新が必要で、日本が秘めている技術力を発揮することができるだろう。むろん、初めの段階では国が積極的に支援して芽を育て、バイオマス製品が石油製品に匹敵する性能や価格を実現するよう援助することが求められる。今の段階は、石油などの地下資源を有効に利用しつつ、地上資源に切り換えていくための条件を整備することが大事で、いわば実験段階と言える。これを積み重ねて自前の技術を磨き自立に備えるのである。

このように考えると、未来は閉塞しているのではなく、私たちが積極的に働きかけ実践をしていけば必ず未来は開かれる。これらはまさに若者がチャレンジする課題で、国の積極的な姿勢があれば急速に拡大する可能性があると言える。

ともあれ、脱原発や原発の再稼働反対の世論は依然として強く、節電意識も定着してきた。実際に、電力使用量は事故前8～15％減が達成できているのである。

私の提案は、

(1) 節電15％まで確実に高めること——これによって酷暑の夏でも完全に原発無しで電力を賄うことができる、

(2) 核燃料サイクルを中止し、原発をすべて廃炉とすること——これによって燃料費の増加のほとんどを吸収することができる、

(3)再生可能エネルギー利用のための工程表を作成すること――十年かけて総発電量の15％を目標とし、国からの投資も含めた具体的な実施計画を策定する、

(4)地上資源活用のための長期計画を作成すること――例えば「地上資源文明研究所」を作って未来像を明らかにしつつ、技術開発のための実行プランを提案していく、

である。これは決して夢物語ではなく、私たちの決心次第で実現可能な提案であり、これに向かって議論を重ねつつ現実化していく歩みが生まれることを期待している。

注3　イギリスの原発新設に日立が名乗りを挙げ、その債務保証を日本政府が行うという方針が示されている。事故が起こって損害賠償が求められた場合、国が(つまり国民の税金によって)借金を肩代わりするという可能性がある。日本の企業のなんとひ弱で国に甘えた姿勢であることかと思ってしまう。それが「世界の日立」なのである。しかし、この計画も資産調達の困難や電気料金についてのイギリスの同意が得られず、中止となる公算が大である。

## おわりに――来るべき文明の形

大飯原発訴訟の判決にもあったように、私たちが固有に持つ「人格権」を前面に押し出して、大地に足を踏みしめる生き方を追究したいものである。それは「幸福を追求する権利」と言い

換えることもでき、そのために誰もが可能な部分から実践していくことが求められている。その基本的な精神は持続可能性が第一であり、それに適合しているかどうかの倫理責任をリトマス試験紙にすることではないだろうか。物質的な欲望や短期的な経済的欲求よりも知的世界の豊かさを優先し、すべての生き物が共存できる地球とする、それには地上資源の利用を基本とする文明とならざるを得ないと思っている。

重要なことは、未来世代に負荷をかけないという発想を大事にすることだろう。困難を先送りせず、現代の世代で確実に責任を取る。そして、常に未来世代にとってプラスになるため何をプレゼントできるかを考えて実行する、そのような持続可能性を前面に出した文明の形を求め続けたいものである。

（成蹊大学アジア太平洋研究センター公開講演会　２０１４年６月18日
／アジア太平洋研究センター紀要「アジア太平洋研究」No.39）

# 専門家の社会的責任を問う

今回の大地震と巨大津波と原発事故によって、日本は未曾有の困難に遭遇している。その中で、この事態を正視しないままやり過ごそうとする関係当局の人間の安易な態度や専門家たる科学者・技術者の社会的責任意識の欠如が目に余る状況にある。はからずも日本人の無責任体質が露呈したと言えよう。「結果論で言っても仕方がない」とか、「今はみんなが一致して困難に当たるべきときだから批判は避けよう」とかの意見が出るかもしれないが、それこそがコトの決着をつけないまま責任を有耶無耶（うやむや）にしてしまうことになる。起こったこと、今起こりつつあることをしっかり凝視し、どこに問題の根源があるかを確認しながら対処していかなければ、多くの犠牲者や苦難を強いられている人々に申し訳ないと思うのだ。

## 「想定外」と「想定しておくべき」こと

テレビを見ていて、関係当局の人間が共通して何度も使う言葉があった。「想定外」という決まり文句である。「想定外の不可抗力だから自分には責任がない」と言いたいのだろう。果たして、地震、津波、原発事故、これら全ての災厄が想定を越えたものであったのだろうか。確かに想定外であった要素もあったが、「想定しておくべき」こともあった。「想定しておくべき」ことを想定していなかったなら、厳しく責任を問われて当然である。それらを厳しく弁別して責任の所在をはっきりさせ、今後の教訓として活かさねばならない。

地震の強度がマグニチュード9・0で、記録に残る地震では世界第四位であった。地震が多い日本においてさえ、千年に一回の事象が生じたという。それによる津波の規模も巨大であった。張り巡らした防潮提を乗り越え、破壊しつつ浸入してきたのだ。それも短時間のうちに。これらのことは「想定外」であったと言わざるを得ない。三陸沖はこれまでに何度も地震が引き起こされ津波に襲われてきたことは事実だが、これほどの大地震・大津波になるとは誰も想像できなかったのではないだろうか。

それに対し、原発事故に関しては、「想定しておくべき」ことであった。そもそも、地震国の日本に危険な放射能を抱え込む原発を五十四基も海岸縁に建設してきたこと、それも地震の巣とも言うべき三陸沖に正対した場所に原発を何基も建設してきたことが異常であった。いかなる規模の地震も起こりうると想定し、それに対処することが不可能なら建設すべきではなかったのだ。また、空炊き状態になったときに稼働すべき最も重要な緊急炉心冷却システム（ＥＣＣＳ）の外部電源や非常用電源が途絶したことは、システム設計の想定が甘かったことを意味している。原子炉への海水の注入が遅れ、放射線計測のためのモニタリングポストも十分機能しなかったとも報じられている。これらはいずれも「想定しておくべき」ことであった。例えば、電源の遮断を防ぐために外部電源架線を複数にして完全独立系とし、すべて地中深く埋め込んでおくとか、非常用電源を津波で冠水しない屋内に設置する（原子炉建屋は津波の被害に遭わなかった）とか、である。これらの手だてを打っておかなかったことは、安全神話に惑わされ、危機感に欠けた甘い想定しかしてこなかったことを如実に物語っている。こと原発事故に関しては「想定外」という言い訳は通用しない、人災なのである。

## 文明と災害

寺田寅彦は、「文明が進めば進むほど天然の猛威による災害が、その激烈の度を増す」（「天災と国防」昭和九年十一月、『寺田寅彦全集第七巻』所収、岩波書店）と書いている。文明の進展とともに世の中が一様化され集約化されるから、天災による一つの部分の破綻が全体に対して致命的となり、被害はかえって拡大するということを指摘したのだ。この七十七年前の言葉が不幸にも現代日本において的中してしまった。

この間、さらに科学・技術が発展し、高層建築、巨大ダム、高速道路、高速列車など、寺田寅彦の時代とは様変わりし、天災に対してより脆弱な社会構造となっている。科学・技術によって自然を征服できると錯覚し、科学者・技術者はせっせと自然改造に勤しみ、人々もそれを歓迎して欲望を膨らませていったためだ。同文章で、寺田が「文明が進むに従って人間は次第に自然を征服しようとする野心を生じた」と書いている通りである。無限の繁栄が続くと誤認して。

ここにおいて忘れていたことがある。いかなる建造物も、ある限界強度までしか安全性が保証されていないということだ。工期と予算の制限のために、あるいは実用上の便宜のために、やむを得ず限界を設定しているのである。つまり、人工の建造物である限り「完全」はなく、技術は「妥協」の上に成り立っているのだ。その限界強度を超える自然の猛威があれば、建造物は必ず倒壊することは自明と言えよう。本来は、そのことを覚悟して技術を行使しなければならず、科学者・技術者はその事実を一般公衆に知らせる社会的責任があるのだ。

しかし、自然を征服したつもりになっている人間はますます傲慢になって、より大型化し、より集中化し、より一様化した建造物へと「改良」してきた。科学者・技術者も社会を牽引している気分になって、自らの社会的責任を忘れてひたすらプラス面しか強調してこなかった。

その結果、ひとたび天災による猛威に襲われると、災害がより巨大になる社会構造にしてしまったのだ。

今回の原発事故はその典型である。日本は地震が頻発し、津波が多発する国である。このような「豆腐の上に立地する国」であるにもかかわらず、原発を重要なエネルギー源として位置づけてきた（現在もなお）。そして、これまでスリーマイル島やチェルノブイリのような大事故が起こらなかったため、日本は別であるという「安全神話」が罷り通るようになっていた。危険な原発を扱っているという緊張感が薄れてしまったのだ。

現在、懸命の修復作業が続いているが、私は一基でも原発崩壊を食い止められなければ、福島第一原子力発電所の六基すべてが連鎖的崩壊を起こすのではないか、という最悪の悪夢を見ている。もし一基が破壊されれば、当然現場からは注水作業に従事する人がいなくなり、後は自動的に損壊が拡大して、次々に原発崩壊が進行すると予想されるからだ。そうなればチェルノブイリを上回る放射能汚染になるだろう。もし悪夢が正夢となれば、日本は経済力においても沈没することは確実である。

たとえ六基全部を無事に抑え込むことができても、この経験は人々の頭に染み込んで原子力や核への拒否反応が強まることは必至だろう。数年前までは、夏のお盆の時期に原発をすべてストップさせても電気の需要は賄（まかな）える状態にあった。しかし、今や原発抜きにして産業も生活も成り立たなくなっている。私たちはエネルギーを使いすぎる体質が当たり前になってしまったのだ。日本は科学・技術の力でのし上がってきたのだが、それに増長して危機への想像力が欠如していたことは否めない。「文明ボケ」に陥っていたのだ。

## 科学者・技術者の社会的責任

今こそ、科学者・技術者の社会的責任を問い直すことが必要である。一般公衆より科学や技術の限界をよく知っている科学者・技術者は、それについて正直に語る必要があるということだ。科学者・技術者の役割は、安全を保証したり、役に立つと強調したりすることではなく、科学・技術の限界を語り、それを超えれば科学・技術は災厄となりうることを常に語る習慣を身につけることである。科学・技術の所産は二面性があり、人類の利得にも災厄にもなる。利得ばかりを語る科学者・技術者は失格なのである。

今、テレビでお目にかかる原子力関係の科学者・技術者は、可能な限り危険性を低く見積もり、「チェルノブイリとは違う」と言い続けている。確かに、チェルノブイリは核反応が暴走しての原子炉爆発であり、連鎖的な核反応が止まっている福島原発とは異なる。しかし、六基全部が水素爆発で破損すれば、原子炉容器内の核燃料や使用済み核燃料が空中に飛び散ることになる。そうなれば放射能汚染がチェルノブイリを上回る可能性もあるのだ。

彼らは危険だと語るとパニックになると思っているのかもしれない。しかし、それは人々を見くびった傲慢さの故であり、むしろ現状では人々の疑心暗鬼を増大させていることに気づかないのだろうか。人々は彼らが主導して原発を造ってきたことを知っており、これほどの重大事故を引き起こしながら、平気な顔でテレビに登場して「安全だ」とばかり言う専門家を信用していない。危険があることを正直に語ることこそパニックを防ぐ一番の方法なのである。

特に危険なのは中部電力の浜岡原発である。東海地震の震源域近傍に建設されているので、今回ほどのマグニチュードではなくとも崩壊する危険性がある。近辺に頻々(ひんぴん)と余震も起こっているのだから、運転を中止すべきなのだ。にもかかわらず中部電力が運転を強行しているのは、危険性を認めればメンツを失うことを危惧しているだけ、としか考えられない。メンツより人の命の方が大事なのは言うまでもない。原子力専門家は、とりあえず中部電力に対して浜岡原発の運転中止を迫るべきだろう。

それに加えて、日本の原発を全てストップさせて、安全性の確保やシステム設計の見直しをするべきことを、原子力専門家は勧告しなければならない。ＥＣＣＳの外部電源や補助電源が稼働しなかったのはシステム設計の甘さがあったためであり、果たしてこのような見落としはないか、さらに必要な手だてをしておくことはないか、を吟味するよう提案すべきなのだ。それが科学者・技術者の社会的責任というものである。

私が「原子力マフィア」と勝手に呼んでいる集団がある。原子力関係の科学者・技術者がネットワークを組み、原発に反対する論調が少しでもあれば直ちに回報がまわされる。そして、微に入り細に入りその論調を検討し、少しでも間違いがあれば抗議のメールを集中させ攻撃するというわけである。数年前、ＮＨＫの教育テレビで「禁断の科学」という番組に出演したとき、私は愚かにもそのテキストで少し間違ったことを書いた。彼らは、それをあげつらってＮＨＫに番組を中止せよとの圧力をかけてきた（ところが私自身への直接の抗議はしてこなかった）。今後ＮＨＫが原子力問題に及び腰になるという効果を狙ってのことだと推測される。公明正大な討論こそ科学者・技術者が遵守すべきことであって、反対の意見を持つ者やジャーナリズムを萎縮させる科学者・技術者の集団って何なのだろうか。

## 放射線被曝の軽視

放射線防護に関しても、事態を正直に語り、本来あるべき措置について専門家の毅然とした態度が見られない。放射線のレベルが上がったことで、政府は便宜的に危険容量の規制値を上方に修正した。それを易々と許容するのはいかがなものだろうか。国際放射線防護委員会（ＩＣＲＰ）が討論を重ねて定めた規制値であるにもかかわらず、「安全係数がかかっている」として引き上げることを許しているのだ。何のための規制値なのだろうか。

放射線被曝の意図的な軽視も許せることではない。セシウムやキセノンという原発由来の放射性物質が空中や水道水や海水に検出されたことは、放射能が広く拡散していることを物語っている。にもかかわらず、「レントゲン検査で受ける被曝量の九〇分の一だから健康に影響はない」「安全である」という言明ばかりである。しかし、それは間違っている。放射能が現に身辺にあって、それから放射線が出続けているのだから、一回きりのレントゲン検査とは異なり、常時放射線を浴びている状態にあるからだ。さらに、その一部は呼吸や食べ物を通じて体内に入ってくるから内部被曝となり、放射能が体外に排出されるまで放射線を体内から浴び続けることになる。それについては何ら触れず、一時間当たりの放射線量（マイクロ・シーベルト単位）を使ってごまかそうとしている。さすがにホウレン草や牛乳が出荷停止となったが、そのことは食料となった草の葉に放射能が付着しており、それが牛の体内に取り込まれていることを明白に物語っている（実際、放射能の量を表示するベクレルの単位が使われている）ためである。

このような意図的な情報操作も「人々を不安に陥らせてはいけない」という「配慮」のつもりなのだろうが、それを鵜呑みにしていれば後年になって放射線障害が頻発することになりかねない。最近、近場の利得ばかりを追い求め、結果的に長期の損失を被るということが多くなっているが、これもその一つなのではないか。放射線防護の専門家は放射線被曝の危険性をきちんと説明し、人々の科学的な理解を促進するよう働きかける必要がある。そして、基準の数値を上回る事態になれば避難勧告を出すことを躊躇してはならない。それが専門家としての社会的責任なのではないか。私なら今のレベルでも「乳幼児や子どもは避難させるべき」とはっきり言い、「現在値のままなら大人は避難しなくて良いが、今後上昇し続けるようなら避難も考えておくように」と言うだろう。現状をリアルに見つめて対策を検討し、そのための施策を政府に要求することが必要なのだ。

## ジャーナリズムの社会的責任

自衛隊員や消防隊員の放射線被曝については報道しているのに、福島原発の現場での作業員の莫大な放射線被曝について報道されることが少ない。放射性物質がまき散らされ、放射線が飛び交っている現場で働く人々はいかなる状態にあるのだろうか。おそらく東京電力の正社員ではなく、全国各地から集められた臨時雇用の人々がほとんどだと思われる。通常の原子炉点検の際の被曝問題も取り上げられたことが少ないが、このような劣悪な環境での労働を強いられる人々に関する報道がないのはジャーナリズムの怠慢ではないか。

これだけでなく、現代ジャーナリズムの盲点は多く見られる。例えば、記者会見はもっぱら東京で行われ、現場の福島では行われていないこと（それでは現場の正確で迅速な情報が伝わらない）、東京電力の社長を始めとする役員が会見に応じていないのを許容していること（最高責任者は常に同席すべきである）、原子力の推進派しか専門家として招請していないこと（反原発派の意見も聞くことが重要である）等々である。そして、専門家の言うことを鵜呑みにして、安全を合唱している。「人々を怖がらせてはいけないので」とマスコミは言い訳するのだろうが、手遅れになってから「実はこんな意見もあった」と後で解説してもらっても意味がないではないか。

基本的にはお仕着せジャーナリズムになっていると言わざるを得ない。記者会見の様子がテレビ放映されているが、「まだ確認していない」「今後報告する」「現段階では明確には言えない」というような逃げの回答への追及が極めて弱いのだ。果たして、「あれはどうなったか」「いついつまでに回答を寄こせ」と、強く迫っているのかと疑問を持ってしまう。誰しもが東京電力は正直に語っていないと感じているが、東京電力がすべての情報を開示しているかどうかを現場でチェックする取材活動に手抜かりがあるのではないか。また、例えば先に述べた放射線被曝の意図的軽視などはマスコミも知っているはずのことだから、そこはもっと正確に何度も報道すべきなのである。

「ジャーナリズムがひ弱になった」と言われるようになって久しい。取材能力が落ちたのか（社主に従順な記者が増えている）、マスメディアの姿勢そのものが変化したのか（右へ右へと軸足を移している）、スポンサー（広告主）に気兼ねしているのか（東京電力は安定した大広告主である）、その理由は私にはわからない。体制批判、社会的弱者の視点、少数者の意見、反対派の議論などを取り上げることがめっきり少なくなったと感じている。テレビでは安上がりの下らないお笑いやバラエティ番組ばかりが増え、新聞は広告が減ってこれまで出さなかったような変な広告も出るようになった。原発事故の報道を見るにつれ、よりいっそうジャーナリズムの危機を実感している。

## 人々

地震が勃発したとき、私は都内で会議に参加していた。突然の大きな揺れのため急遽会議を中止にし、鉄道網はすべてストップしていたので、どこかでバスがあるだろうと楽天的に考えて徒歩で横浜を目指すことにした。三陸沖の大地震は友人のスマホで知っていたが、巨大津波のことは知らないまま知人と呑気に話しながら歩いた。同じ難儀に遭って、同じ方向に歩く人は、たとえ見知らなくても仲間意識ができるものである。飴（あめ）をもらったり、先の径路を詳しく教えてもらったりした。苦労を共にするとき、人は優しくなれるものなのである。

ところが、週明けになって赴任先の逗子に戻って驚いた。スーパーに長蛇の列ができ、米・パン・カップ麺・牛乳などの買いだめが起こっていたのだ。急に商品がなくなってしまって、スーパーも早終いしてしまった。いかにも、これから長く耐乏生活が続かんばかりである。一九七三年に起こったトイレットペーパー騒動が思い起こされた。風評が広がり、一種のパニック状態になって、すぐに使わないものであっても傍においていなければと不安になってしまうのだろう。自分さえ良ければいいという心情に情けない思いがしたものである。

しかしやがて、そのような追い詰められた気分から醒め、避難所に居る人々や肉親を亡くした人々に思いを馳せるようになると信じている。実際、多くの人々がボランティアで救援活動に出かけ、あるいは義援金を集めるのに奔走している姿を見れば、自分の行為を恥じる気持ちになるだろう。犯罪が増えたわけでもなく、パニックになっていない日本の姿を諸外国では賞賛しているのだから。

私は以前から、大型化・集中化・一様化の技術体系に固執せず、それと対極的な小型化・分散化・多様化の技術体系を取り入れるべきと主張してきた。小型化・分散化・多様化の技術は、ライフラインを自前で持つことを意味し、効率が悪そうで、手間もかかるが、自然災害などの危機の場合には有効に機能すると考えてのことである。そのために、わが家を新築する際に、太陽光発電・太陽熱温水・井戸水の確保・雨水の中水利用などを活用することにした。それをすべての人々に求めることは困難だろうが、少なくとも集会所や学校の体育館など避難所になる可能性のある場所には、これらの設備を設置する必要があるのではないか。電気やガスは企業に、水道は自治体に「お任せ」してしまい、いざ災害が勃発してライフラインが途切れると途端に苦難を背負うことになる。私たちは、危機のときへの想像力を研ぎ澄ませることが大事なのではないか。

単身赴任をしている逗子では、計画停電で一日三時間（ときには六時間）停電することもあるが、これを機会にエネルギーの使い過ぎを反省し、早寝早起きをして節電に励むようになった。夜、電気が消えたコンビニを見ると、むしろこれが当然で、今までが異常であったと思えてくる。かつて、お盆の間は原発を一切止めても電気を賄うことができた。これを機会に、原発をすべて停止して、日本中で計画停電を実行してはいかがなものだろう。むろん暴論だとは知っているが、私たち自身の効率性と便利さばかりを求める欲望過多の体質を、今一度見直すべきではないかと思っている。

（「世界」岩波書店　２０１１年5月号）

# 核と人類は共存できない、か？

## 原爆と原発

一九一一年に、イギリスの物理学者ラザフォードが、原子の中心部にあって、原子の十万分の一の大きさしかないのに、原子の質量のほとんどを占めている原子核の存在を実験によって明らかにしました。福島の原発事故が発生した二〇一一年は、奇しくも原子核が発見されて百年の記念の年になります。今回の原発事故は、今一度核と人類の関係について考えてみるべきことを物語っているようです。

原子核の研究は、最初から放射能と絡んでいました。一八九六年にベクレルはウランから謎の放射線が放出されていることを発見し、一八九八年にキュリー夫妻はウラン以外にトリウム、ポロニウム、ラジウムも同じような放射線を出すことを見つけ、これら放射線を放出する物質（能力）を「放射能」と名づけました。また、一九〇二年には、ラザフォードとソディはウランやトリウムが放射線を出しながら、さまざまな中間元素の系列を経て別の元素に変わっていくことを実証しました。これらの現象の流れを克明にたどり、原子から放射線を放出する根源が原子核であるとラザフォードが示したのが一九一一年ということになるわけです。

その後、一九三〇年代になって原子核の研究は急進展しました。原子核が陽子と中性子から成り立っていること（一九三二年）、それらを結び付けている力が原子核内部のみで働く核力であること（一九三五年、日本の湯川秀樹によるものです）、そして原子核同士を反応させるとさまざまな元素を作り出せること（一九三五年以降、フェルミやジョリオとイレーネのキュリー夫妻）、などです。その限りでは、物質を構成する究極の構造を調べたいという科学者の好奇心によって研究が進められてきたといえるでしょう。

その結果、一九三八年の暮れにドイツのハーンとシュトラウスマンが、ウランの原子核に中性子をぶつけると分裂をして多量のエネルギーと複数の中性子を放出することを発見しました。原子核が内部に秘めている莫大なエネルギーを取り出せることがわかったのです。原子核の研究は純粋な基礎研究であったのですが、これによって新たなエネルギー源として、さまざまに応用する実用研究へとつながることになりました。

最初に開発されたのが原爆でした。ウランの分裂によって放出された複数の中性子を次々と別々のウランに吸収させれば、ネズミ算式に核分裂数が増加して大爆発を起こさせることができるのではないかというわけです。実際、それからたった七年足らずの一九四五年に原爆が開発されました。広島に落とされた原爆は十五キロトン（TNT火薬に換算した爆発力で、火薬一万五千トン分）と言われていますが、実際には三キログラムくらいのウランが爆発しただけですから、その威力は火薬の五百万倍ということになります。桁違いの爆発力であったことがおわかりでしょう。原子核の世界の巨大なエネルギーを爆弾という形で取り出したのです。

原爆開発に先行して原子炉が建設されました。ウランが分裂したときに放出される中性子の数をコントロールして、常に一定数の中性子だけがウランの分裂反応に関与するよう工夫したのです。つまり、多数のウランに一気に核分裂を起こさせるのではなく、常に一定数のウランだけが反応するように制御するのです。そこでまず成されたのが、ウランに次々と中性子を吸収させて超ウラン元素を造ることで、ウランより重い元素が存在し得るかどうかの研究でした。

これによってすぐに発見されたのが、分裂しないタイプのウランに中性子を吸収させると、ウランよりも効率的に（より少ない量で連鎖的に）核分裂を起こすプルトニウムという元素です。こうして人類は、ウランとプルトニウムという核分裂を起こす二種類の元素を手にしました。ウランは自然界に存在する元素で分裂を起こすタイプの元素を濃縮して使い、プルトニウムは原子炉を使ってウランから生成するのです。だから核兵器工場とは、ウランの濃縮工場とプルトニウム生産用の原子炉のことを指しています。広島に落とされた原爆はウラン製、長崎に落とされた原爆はプルトニウム製でした。

原子炉内で核分裂の数が常に一定になるように制御すると、エネルギー放出量も一定になります。こうして放出されたエネルギーを水に吸わせて水蒸気に変え、その水蒸気の力でピストンを動かす動力源とすることがまず考えられました。核分裂が持続するのに酸素は不要ですから、その第一の応用先として、常時深海に潜って航行する原子力潜水艦の動力用に開発したのです。

続いて、一九五〇年代になって原子力潜水艦で使われた原子炉を陸揚げして大型化し、水蒸気の力で発電タービンを回して電力生産を行うようにしたのが原子力発電（原発）で、商業運転が行われるようになりました。アイゼンハワー大統領が一九五三年の国連総会で、「アトム・フォー・ピース（原子の平和利用）」の演説をしたことが、原発利用を促す大きなきっかけとなったことはよく知られています。要するに平和利用を売り物にしての原発の売り込み作戦でした。

このように、核分裂反応を暴走させるのが原爆、制御して一定の出力にするのが原発、というわけです。その意味では、原爆と原発は兄弟の関係にあります。

原爆の開発には数多くの科学者が参加しました。科学者は、始めナチスドイツに原爆開発の先を越されてはならないという恐れの気持ちで参加したのですが、やがて世界最初の核爆弾の作成という科学的興味（名声や名誉欲もあった）が勝り、ひたすら完成のために邁進しました。

それがどのような結果をもたらすかを想像することなく、世界初であれば飛びついてしまうのが科学者の常で、「世界最初」という言葉に弱いのです。さらに、戦争を勝利に導くとの美名によって研究費において優遇されることもちらついたことでしょう。科学者は研究費の誘惑に弱いのです。「自分がやらなくても誰かがやるのだから」とか、「作りはしたけれど使うのは政治家か軍人なので自分に責任はない」と言い訳をして。

## 科学者の社会的責任

科学者のこのような態度を批判して、科学者の社会的責任を強調したのはジェームス・フランクでした。彼は、原爆が完成する前に「一般の人々より多くの知識を持つ科学者は、その内容を市民に伝える責任がある」という報告書を出しています。おそらく、科学者内部から科学者自身の社会的責任を問いかけた最初であったと思われます。その後世界の科学者は、ラッセル・アインシュタイン宣言、パグウォッシュ会議、科学者京都会議などを通じて核廃絶のための運動をしてきました。日本では湯川秀樹や朝永(ともなが)振一郎や坂田昌一など多くの科学者が参加したことが知られています。核兵器開発に手を貸したことへの物理学者としての反省が背景にあったのでしょう。

他方、核の平和利用としての原発には科学者の多くが賛同しました。電気を起こして人々の生活を豊かにするという、原爆というおぞましい兵器を開発した罪の意識を払拭（ふっしょく）するための夢を抱いたためかもしれません。放射能の危険性について、まだ余り深刻に考えていなかったこともあります。日本各地の大学の工学部に原子力工学科が創設され、数多くの原子力科学者・技術者を生み出しました。そんな中で武谷三男は特異な道を歩んだことで特筆されるでしょう。最初は核の平和利用として原発を積極的に推進する立場だったのですが、詳しく調べるうちに原発技術の未熟さや困難さに気づき、反原発の立場に転向したのです。真実に対して誠実であった科学者像を見る思いです。

これら戦争を体験した世代の科学者が第一線を去るに従い、科学者の運動が衰退していったことは否定できません。その理由として、第二次世界大戦後の研究体制の変化があると思われます。戦争において科学の重要性を認識した各国政府は、軍事研究を専門とする研究所を設立し、そこに博士号を持つ研究者を囲い込みました。それによって大学などでの民生目的の研究を行う一般の科学者と分離したのですが、双方をコントロールすることも考えました。

一般の科学者は純粋な研究に打ち込むようになったのですが、将来軍事利用の可能性のあるテーマについて軍部から基礎研究費を出せるようにしたのです。一方、軍事専門の研究所では、その基礎研究を引き取って軍事利用のための応用研究を行うという方法を採用しました。これがアメリカのＤＡＲＰＡ（国防高等研究計画局）方式と呼ぶもので、いかなる研究も民生用にも軍事用にも使える（これをデュアルユースと言います）ことを利用して、民生研究から軍事研究への橋渡しをする方式を推進しているのです。

この方式によって、わざわざ一般の科学者を軍事組織に直接動員する必要がなくなったとともに、軍事研究のための資金をふんだんに与えることによって一般科学者をコントロールすることが可能になりました。一般の科学者は研究費が不足すると気軽に軍事研究に手が出せるようになったため、かえって軍事研究に対する心理的バリアが小さくなったと言えるでしょう。

それとともに、科学研究に競争原理と経済論理が強く打ち出されるようになりました。国家の経済を支え、産業界の要請に応える科学が重視されるようになり、科学者は業績主義と厳しい競争にさらされ、科学者の社会的責任を忘れ、専門分野のことにしか興味を示さなくなったのです。

スペインの哲学者オルテガ・イ・ガセットは、既に一九三〇年代に「科学（専門）主義の野蛮性」を指摘しました。科学者（専門家）は自分の専門のことについては詳しいが、そこから一歩でも出ると子ども同然である。それにもかかわらず、あたかも全てのことを知っているかのように振舞う。これこそ野蛮なことではないか、というわけです。以来、八十年以上時間が経ちましたが、科学（専門）主義の野蛮性はそのとき以上に強まっていると言えるでしょう。科学の専門分化がいっそう進み、科学者は専門の殻に閉じこもる傾向がますます強くなり、研究費のために軍事研究に関わるようになっているからです。

一九九四年にサンフランシスコ地震が起きて高速道路が落下したことがあったのですが、そのときある都市工学の学者は「日本ではこんなことは起きない」と胸を張りました。ところが、翌年に起こった阪神・淡路大震災（兵庫県南部地震）によって高速道路が落下しました。その言い訳は、土壌が悪かったためであり、それは自分の専門外のことだ、というものでした。また、今回の原発事故において汚染水の処理を問われたとき、原子力の専門家は、それは自分の専門ではなく水処理の専門家に聞いてくれと答えました。いずれも自分の専門を狭い領域に限ってしまい、全体を見渡す視点を持っていないのです。異なった意味での専門主義の野蛮性を如実に表しているといえるでしょう。

この状況は現代においていっそう強くなっており、そうでなければ業績が挙げられず、研究者としての未来もないということになっています。私はせめてもの抵抗として、次代を背負う若い院生たちが広い視野を持って社会のことに関心を持ち発言する、そんな社会的責任を意識した科学者として育つような教育を行っています。科学・技術の成果が社会により大きな影響を与えるようになった現代において（そして未来において）、そのような視野の広い科学者こそが、これからの社会にとって必要とされると思うからです。

## 人類と核

さて、原発事故によって人類と核の問題がクローズアップされるようになりました。ヒロシマとナガサキとビキニと、三度も被爆体験のある日本において新たにフクシマの被曝が加わり、果たして人類と核は共存できるのだろうか、と深刻に考えることが迫られていると言えるでしょう。

では、いっさいの核を拒否すべきなのでしょうか、それとも一部の核は許容すべきなのでしょうか（原水爆は絶対悪として拒否すべきことは当然ですが）。

私は以前から脱原発を主張してきました。大量の放射能を抱えた原発の危険性（福島の事故で明白に示されました）、原発周辺での放射能汚染と放射線被曝、事故が起こった場合の莫大な損失、十万年以上にわたる死の灰の管理、原発に関わる多くの労働者の放射線被曝、産出されるプルトニウムの核兵器への転用問題など、数多くの難問があるためです。

特に、「トイレなきマンション」と言われるように、廃棄物を処理し管理する場所が未だに決まらないままであります。そもそも原発は完成された技術ではないのです。また、核反応が暴走し始めると水をぶっかける方法しかなく、その水が途絶えると過酷事故になってしまうという、人間が制御できなくなる厄介な技術なのです。現代の享楽を得るために子孫に放射性廃棄物という負の遺産を押しつけようとしていることは無責任の極みでしょう。過疎地からの搾取、それを黙らせるための金権支配、いったん原発を許容すると止められない立地自治体の社会・経済構造など、多くの矛盾を抱えていることも明らかです。それらの理由から、大型原発による商業運転は止めるべきだと考えています。

私は、当面20％の節電を行って原発を全て停止し、十年先には30％の節電とし、残りの35％は自然エネルギー、25％は天然ガス、10％のみ化石燃料による発電に切り換えるということを提案しています。ドイツのように国の姿勢として、はっきりその方向を見定め、それに必要な投資を行うということを明確に示すべきなのです。

## 核の有効利用はあり得るのか？

とはいえ、私は全ての核を拒否すべきとは考えていません。現に、小型の原子炉は実に多くの分野で活躍しています。その一つは、放射性同位元素を作る役割です。放射性同位元素は、医療に使われ（放射線治療）、生物の仕組みを調べ（放射性物質をトレーサーに使って、生物体内での物質の動きを調べる）、考古学や地球の歴史を調べるための重要な手法として利用されています。放射性同位元素を用いた研究の可能性はまだまだ他にもあると思われます。微量ですから安全管理を徹底すれば人体や環境に悪影響を与えることにはなりません。

もう一つの小型原子炉の有用性は、ウランの分裂によって放出される中性子を利用して、様々な実験や非破壊検査などに利用されていることです。中性子は電気的に中性ですから、物質に照射すると内部に深く入り込むという特性があり、非破壊法によって構造診断を行う重要な手段となっているのです。

つまり、人間がコントロールできる範囲に限定し、事故が起こっても周囲に大きな悪影響を与えない規模で放射性同位元素や中性子を利用する道を閉ざしてはならないと思っています。

人間は、いったん知識を得るとそれを放棄できないという特性があります。それがいかなる結果をもたらすか、もっと知りたいと願うのが人間なのです。核に関する知識もそのひとつです。その中で、絶対にそれ以上開発を進めるべきではないもの（原水爆、大型原発）と、制御できる範囲で主として研究用・医療用・検査用に限るもの（小型原子炉からの中性子、放射性同位元素）を弁別することは大事ではないでしょうか。それができる知恵を人類は獲得しているはずです。全てを闇に葬ってしまうと、それが孕む可能性をも捨ててしまうことになります。人間の好奇心や探究心を刈り取ってしまうのは得策ではありません。

人類と核が共存できる場所と機会を、英知を持って見極めるべき、それが私の考えです。

（「まなぶ」労働大学出版センター　2011年8月号）

# 原発から自然エネルギーへ

——人類の明日——

　私は、宇宙物理学、宇宙論という地上とはあまり関係のない研究をやってきた人間なのですが、数年前から総合研究大学院大学に赴任し、科学が社会においていかに使われるか、あるいは科学を社会が受け入れる条件はなんであるか、というようなことをいろいろ考え、大学院生たちと議論する、そういう仕事をするようになりました。
　昨年の3・11の東日本大震災および東京電力福島第一原発事故を受けて、私もあちこちで話す機会がありまして、きょうここで話すこともこれまで書いたり話したりしてきたこととダブることが多くあるでしょうが、それはお許し願いたいと思います。

## 3・11原発事故から一周年

3・11原発事故から丸一年以上が経ちました。政府や民間の事故調査・検証委員会がいろいろ報告書（あるいは中間報告書）を出し始めていますが、私が非常に不満なのは、調査をやるだけで、本当の検証になっているのか、ということです。責任者を出さない、責任を求めないという建前なのですが、やはりどこに根本原因があったのか、どこに責任主体があったのかについて、責任者が事実そのものを自分の手で検証し、どこで間違ったかを明らかにする、それらのステップが欠けているように感じています。

また、そのような検証作業をマスコミとしてもキチッとやって欲しいのです。「朝日新聞」では、過去の報道の検証を一応やっていますが、〝一億総懺悔〟ではないけれども、「みんなが安全神話を信じ込んだのだから」とか、「責任者を追及しても始まらない」とか、そういう国民の心情を忖度することに留まってしまうとまずいのではないかと思います。

事故調査・検証委員会の報告を読むと、やはり原発の安全を監視するはずの安全・保安院がずっと安易な態度を継続してきた、今もそうですが、あいまいな態度のままであったということは、もう明確であると思います。

その〝親方〟にあたる原子力安全委員会そのものも、当然、問題になるわけです。安全委員会の委員数名が電力会社や電気事業連合会等から寄付金をもらっていたことも明らかになっています。しかしその委員は辞めないし、辞めさせないわけですね。これはどういうことなのでしょうか。

明らかになったことは、原子力の専門家が実は現場をよく知らないということです。さらに言えば、原発の現場の状況をきちんと把握できる人間、常に全体をきっちり見通している人間そのものがいないということです。特に事故が起こった直後の東電の現場の混乱ぶりというのは、かなり明らかにされていますが、目に余るものがあります。それから、政府や電力会社幹部や安全委員会委員の責任感の欠如ということも明確に見えてきました。

実際問題として、この決着をどうつけるのかということが、これからの課題ではないかと思います。刑事罰にせよということを強調したいわけではなく、基本的には倫理責任、道義責任です。あるいは職業倫理から言っての職務責任、それをどのように明らかにするか、どのように迫っていくかということが非常に重要ではないかと思っています。

それから、私たち自身も反省するというか、自分自身を反省し見直さなければならないと思うことは、「植民地主義的発想」があったということです。例えば原発に関して言うとウランの採掘です。オーストラリアのアボリジニーとか、アメリカ先住民と言われた人たちの居住地でウラン採掘が行われ、その跡が放ったらかしになっている。日本でも人形峠でウラン採掘があり、そのボタ山が放ったらかしになっているのですね。鳥取県と岡山県の県境にあって野晒し同然で、ビニールで覆っているだけです。そのことを我々はあまり知らない。原発の立地にしても過疎地域に押しつけている。死の灰の管理も同じですね。

要するに、私たちは嫌な部分は弱い立場の人間に押しつけて見えないふりをし、安穏とした生活を送っている。これはやはり、植民地主義的発想が心の中に残っているという点で、私自身は反省しているわけです。

つまり、沖縄と同じなのです。沖縄に在日米軍基地の74%を押しつけているわけです。むろん、地元へはそれなりのお金は投下されますが、それはまさに植民地の構造と同じなのです。植民地だってそれなりに地元のために投資をする、学校を造ったりするわけですよ。しかしながら、物質的にも精神的にもすごい収奪を行っているわけですね。それとよく似ている。私たち自身がそういう構造の中で生きている。そのことを常に意識しなければまずいな、というふうに思っています。

それからもう一つは、原発は倫理に背くということです。これは今の植民地主義的発想と根底は同じなのですが、ドイツにおいて十年先には原発をすべて止め、自然エネルギーを17%から35%に増やすという倫理委員会の答申が出て、それを実行することになりました。その根本的な理由が、原発は倫理に背くということなのですね。いろいろな意味で原発というのは多くの矛盾を抱えている。その中で私たちがどう生きるかが非常に重要であるということではないでしょうか。

## 放射能・放射線に対する態度

それから、とくに問題になったのは放射能・放射線に対する態度です。科学者の立場から科学を社会に伝えるという観点ではっきり言いますと、実は科学というのはすべて確実なことがわかっているわけではないのです。不確実な科学の知識というのはたくさんあります。私は等身大の科学の重要性を言っているのですが、例えば気候とか気象とか環境問題とか、要するに人間のスケール（等身大）の科学は、ほとんど100％確実なことは言えないのです。これは「複雑系」と呼ばれているのですが、原因と結果が一対一に対応していません。さまざまな原因が考えられ、さまざまな原因がさまざまに寄与して現象として見えるわけです。その原因が条件次第で、あるときはプラスに働き、あるときはマイナスに働くということにもなるので、「こうだ、ああだ」と100％確実に言えないのです。

もう一つ、統計とか確率でしか論じられない問題も多くあります。例えば、インフルエンザが流行り始めたときに、このインフルエンザ・ウイルスが突然変異を起こして悪性のパンデミック（感染症の世界的大流行）を引き起こすのか、引き起こさないのかは、確率でしか言えないわけです。だから、今回のインフルエンザがどうなるか、確定的なことは誰にもわからないのです。

地震も地震確率と言われるようになりましたが、そもそも地震確率は本当に何を意味しているのかよくわかりません。降水確率というのは、多数のデータがあって、同じような気圧状況のときは大体どういう割合で雨が降るか、多数の例がありますからわかるわけです。インフルエンザや放射線被曝、特に微量の放射線被曝に関しては確率論でしか言えません。特定のある人に、実際に害を及ぼすか及ぼさないかということは確率でしかわからないのです。確率論では、一人ひとりの結果がどうなるかは何も言えません。ある人が35％だけ被曝するというわけにいかないわけです。100％被曝するか０％かなのです。といっても、実際には０％とは言えません。十分時間が経つまで（死ぬまで）結果がわからないためです。

だから、科学ですべて完璧に解決できると考えるのは幻想であるということです。科学で言えることは、「科学ではここまでは言えますよ、これ以上は言えませんよ」ということのみです。だから、常にそういう科学の限界を人々が知った上で対応することが必要ではないかと思います。

そうであれば、重要なことは、「予防措置原則」というような、科学を万全視しない原則を持ち込むべきだと思います。あるいは弱者、被害者の立場から、どうあるべきかを考えるという原則。この二つの原則のいずれかで、科学というものを考え、とらえ直す必要があると思います。

予防措置原則というのは、要するに、危険性が指摘される問題に関しては、なるべく手を出さない。手を出したとしても基礎実験で止める。そして、いつでもストップできる、いつでも立ち止まって引き返せる、そういう予防的な発想を原則としながら恐る恐るやっていくべきであるということ、いつでも止めるということを前提にしながらやるということです。現在の科学や技術はプラス面だけを強調して、一方的に大がかりに進行させ、被害が拡大してからやっとストップすることを繰り返しています。これでは手遅れなのですね。科学にかかわる問題に関しては、市民の皆さんもそういう予防的観点で常に監視し続けてほしいと思います。

## 専門家の傲慢さ

それにしても、専門家が非常に傲慢であったというのは、皆さんお気づきのことで、私も『世界』（岩波書店）二〇一一年五月号に、「専門家の社会的責任を問う」という文章を書きました（本書53頁参照）。

原発に関して、事故が起こる以前にこういうことが言われていました。「格納容器は絶対壊れない。だから問題外としている」と。実際に専門家がそう言っていたのです。科学・技術に「絶対」ということはありえません。必ず、ある種の妥協、想定、割り切りを行っており、どこかで資材の使用において（経済的理由から）次善の物品を使ったり、安全のための付属装置があればいいけれど（重くなり過ぎてスムースに働かないから）省略したりする、などの手を打って実行しています。それが技術的な妥協であり、現実の技術の行使には必要な手立てでもあるのです。だから「絶対」はありえないのです。

放射能を大量に抱えている原発において割り切りがあっていいのかどうか、それが問題です。例えば100％頑丈なものを作るということはできないわけです。100％頑丈な建築物を作ろうと思ったら、壁の厚さを十メートル、いや百メートルくらいにしなければならない。そんなものは費用からいっても、工期からいっても、使い勝手からいっても不可能です。だから、地震の強さはこれこれ、津波の高さはこれこれ、風速はこれこれ、地盤の強度はこれこれ、というような限度（基準）を設けて、そのうえで工事をしているわけです。

そうだとして、その限度を原発に設けていいのかどうかが問題になります。建物には基準を設けないと建てられませんから、一般の建物でも耐震基準などがありますが、危険な放射能を内部に抱え込んでいる原発の場合に、果たして同じような考え方（割り切り）が許されるのか、という問題です。これは科学・技術の観点で決まることではなく、原発の存在そのものをどう考えるのかという問題になるでしょう。

それから、「多重防護をしているので安全である」という言い方も使われました。これが壊れても別のものが補う、それが壊れてもまた別のものが補う、それを次々に連ねるというシステムのことで、「フェイルセーフ」＝〝間違っても安全側に働く〟という方法です。その場合に、「フォールトツリー」という手法で計算して大事故が起こる確率を計算しています。フォールト（間違い）を次々連ねて（ツリー）、最終的に破綻する確率を求めようというわけです。

事故というのは、必ずあり得る事態の連鎖で成り立っているとの考えから、事故の連鎖をどこで断ち切るかを考えようというわけです。しかし、その過程で思いがけない事柄、つまりフォールト（間違い）とか、フェイル（失敗）とかのうち、予め考慮に入れられていない事柄がたくさん起こり得るわけです。人間のミスとかエラーだってありますが、どこでミスするかわかりませんから、フォールトの中に前もって組み入れられません。ところが、そのような事柄は事故が起こる場合には決定的に重要です。人間は完全ではありませんからね。例えば、アメリカのスリーマイル島原発事故の場合、原発が緊急停止したとき、水を流すパイプが逆に取りつけられていて水が流入しなかったのですが、そんなフォールトは確率論の計算に入れられないのです。

そういうことが指摘され、いろいろ問題点が言われてきましたが、事故確率計算しか方法がないこともあって、人間の行動はすべて完全だという前提で行われてきました。逆に言うと、「ここからは危険な状況を想定していない」ということを専門家自身が忘れてしまい、全ての想定が完全であるというふうに誤認してきた、ということが決定的な間違いであったと思います。

そもそも原発は、いったん冷却水が遮断されるという事態が発生すると、それを糺す手立てがありません。つまり、フェイルセーフと言っておりますが、セーフの状態に戻せなくなってしまうのが原発であって、後は幸運を願うしかなくなってしまうという技術システムであることを忘れてはなりません。

## 原発の事故確率

その一例が、原発の事故確率の計算にあるわけです。かつては、原発の過酷事故確率は十万年に一回と言われていました。それは、例えば今回のように外部電源を喪失すれば補助エンジンが動く、補助エンジンが動かなければ電源車が動く、電源車が動かなければ人力で注水する、そういうふうなフェイル（失敗）に対してセーフ（安全）の手が打たれるという前提で、確率計算をやってきたわけですね。そうすると過酷事故確率は十万年に一回でしか起こらないというわけです。

スリーマイル島事故はレベル4でしたが、チェルノブイリと福島ではレベル7、最悪レベルの事故がすでに二回も起きています。福島の場合、原子炉は三基がメルトダウンしました。だから十万年に一回の事故確率が完全なウソであったのは明らかなのです。計算し直すと五百年に一回という確率になります。

五百年に一回という数値の根拠は、日本ではこの三十年くらいの間、ほぼ五十基が定常運転をしていましたから、三十年×五十基＝一五〇〇年・基が積算稼働量ということになります。そのうち三基がメルトダウンを起こしたわけですから、一基当たりにするためにはこれを三で割る必要がある。それで五百年、つまり原発が過酷事故を起こす確率は、一基当たり五百年に一回です。

一基当たり五百年に一回というと、原発の寿命はせいぜい四十年とか六十年とかですから、五百年の間にはふつう事故は起こらないだろうと思うかもしれませんが、それは誤解です。五百年に一回ということは、五百基あれば一年に一回は、どれかの原発が過酷事故を起こすということです。今、世界中で、計画中のものも含めるとほぼ五百基の原発が稼働する状況にあります。この確率が適用できるなら、世界のいずれかで一年に一回事故が起こるということを示しているのです。

実際には一年に一回起こっていませんから、この確率は日本の原発に対してのみ適用できると考えねばなりません。日本には今ほぼ原発が五十基あります（五十四基あって四基が廃炉になりましたから五十基なのです）。一基が五百年に一回事故を起こすとすれば、五十基あると十年に一回事故を起こすということですね。これはすごい確率でしょう。十年に一回起こるのはちょっと過大な見積もりだと思われるかもしれないけれども、現実に三十年の間に三基が壊れたのですから、十年に一回です。むろん、規則的に十年に一回ずつポンポンと起こるわけではないのです。現在は集中的に立地されていますから、実際に起こったように、三十年に一回、三基が集中的に事故を起こす状況であるという方が現実的でしょう。

ところが、新聞報道とか、エネルギー問題調査会等で原子力の専門家が言っているのは、

「そんなに高い確率だと人々に信用されないから、もっと確率を下げろ」と言っているのです。確率を下げられる理由として、「事故を経験したことで弱点がわかり、安全度が高まったのだから、もっと低い確率になるはずだ」というわけです。

これが科学者の言う言葉ですか。「人々に信用されないから」、そして「安全度が高まったのだから、もっと低い確率になるはずだ」ですから。「なるはず」などというのは、科学的な言葉ではないわけです。単なる希望を言っているだけです。だから、専門家自身の傲慢さは依然として変わっていないと言わざるを得ません。

## 実際に考えてみるべきこと

実際に考えてみるべきことがいくつもあります。まず、今、日本の政府予算としては、原子力に年間三〇〇〇億円を遣っていますが、自然エネルギーには二〇〇億円しか使っていないことです。これからは少し逆転していくと思いますが、国の力の入れ具合がわかろうというものです。

次に、二〇一〇年の総電力使用量は九六〇〇億ｋＷｈ（キロワットアワー）で、ほぼ一兆ｋＷｈと覚えておけばいいと思いますが、そのうち火力が59％で、原子力が31％でした（残り10％は水力発電）。実際の発電量は、火力が五七九一億ｋＷｈ、原子力が三〇〇一億ｋＷｈです。ところが、発電設備容量、つまりどれくらい発電する能力を持っているかを調べてみると、火力は一億四七四一万ｋＷ、原子力は四八九六万ｋＷなのです。だから実際の稼働時間（動かしている時間）は、火力は三九二八時間しか動かさず、原子力は六一三六時間も動かしていることになります。

言い換えると、火力を七千時間稼働させれば原発は要らないということです。一年は八千時間以上ありますから、火力発電の設備を効果的に稼働させれば原発は要らないという状況なのです。

しかし、「ピーク時はどうなの？」って常に言われるわけですね。そのときは、ディーゼルとか小型ガスタービンとか電力の融通とか生産時間のシフトとか節電とかを行えばいい、それらを組み合わせればピーク時も乗り切れると私は思っています。小型ガスタービンとかディーゼルというのは、いろいろ便利に使えて短時間で設備を整えられますから、利用可能であるわけです。

## 原発を全て停止して

原発は四月いっぱいで停止することになっています。大飯原発の再稼働の問題もありますが、先に述べたように電力不足にはならないと断言できます。

重要なことは、エネルギー政策の転換です。つまり、再処理路線をやめなさいということです。「もんじゅ」にすごいお金をかけてきたわけでしょう。今までに一兆円かかかったと言われています。また再処理施設のために、八兆円（あるいは十一兆円、さらに十七兆という試算もある）が必要で、はっきり言って核燃料サイクル路線は破綻しているのだから、これらのエネルギー政策を転換する必要があるのです。

一方、政府は再稼働を狙っていますが、他方でやはり脱原発の声が高いということで――最近は「減原発」とか、「卒原発」とかの、原発との関わりの差を反映したような言葉が使われるようになっていますが――、再生可能エネルギー特別措置法という法律が作られました。これは今年（二〇一二年）八月から施行される予定ですが、現在、買い取り価格を設定中で、その議論がやっと始まったところです。

しかし、この費用は電気代に全部上乗せすることになっています。今、原発の立地の費用のために百円ほど余分に電気代を取っています。今度は、これに再生可能エネルギーの買取のために、もう百円分くらいを上乗せするというわけです。だから、原発立地の費用もそうですけど、国自身はなんにもお金を出さずに、電気代に上乗せして消費者から徴収するというのですから、新しいタイプの税金と言えますね。

もう一つ重要なことは、電力会社は自然エネルギーの接続を拒否できる条項が付いていることです。要するに、送電網が満杯になったときは拒否できるのです。それから安定供給に支障が出る、つまりたくさん電気を送りすぎたり、電気がずっと不足したりするような不安定が起こると困るから、そのような懸念があると電力会社が判断すれば拒否できる、そういう条項が入っていることに要注意です。

例えば、東京電力は普通の電力使用状況に関して情報を完全に公開していませんから、本当に送電網が満杯になったかどうか、我々はチェックできないのです。だから、電力会社の独占体制を破らねばならないということの理由は、やはり情報を完全に公開させるということですね。それから、発電と送電と売電を分離することが必要です。果たして、再生可能エネルギー特別措置法が円滑に動くかどうか、今後に問題を持ち越しています。

それからもう一つ、原子炉等規正法（案）がよく報道されましたね。一応、原発は原則四十年とする、しかし例外的に六十年まで認めると、逃げ道が作ってあります。「原則はこうであるけれども、例外もあるよ」という言い方です。しかし、例外の方が増えて原則がわからなくなってしまわないか、心配です。

原発に関しては例外なんかつくってはいけないと思います。以上の法律案は、卒原発あるいは減原発の第一歩だけれども、問題点の多い法案になっていて、やっぱり安心できないですね。[注4]

注4　この講演は3・11からほぼ一年経った頃のものだが、そこで心配していた再生可能エネルギーの接続拒否とか、老朽原発の延命の問題が、そのまま当たっていたことがわかる。再生可能エネルギーの接続問題は、各電力会社が原発のための送電を確保するために送電線が空いていても接続拒否をした（九州電力が最初に実施したので「九電ショック」と言われた）し、四十年

を越す原発の延長運転は申請されたもののいずれも二十年の延長が認められている。

## 三十年先を見据えて

三十年先を見据えていこうということです。地下資源は枯渇します。どんどん減っていきます。物価は上がっていくでしょう。結局のところ、最終的には資源獲得戦争になるのではないかという恐れすらあります。

もう一つは環境圧と言っていますが、地球環境がどんどん悪化し、自然災害も増加しますから、生活の質の低下を招きます。そうなると環境維持のために手が回らなくなり、地球環境がさらに悪化する、それによって生活の質の低下がいっそう進み……と悪循環がどんどん進行していくでしょう。そういう事態になると多数の犠牲者が出るのは確かだと思います。

問題は、地上資源文明へいかにソフトランディングするかということです。急に一遍には変えられないわけです。自然エネルギー利用には最低十年はかかるでしょう。だから、いざとなったときに急に変更できますか?ということです。そのため、今からソフトランディングしていくべきです。ゆっくり時間をかけて地上資源文明へ乗り換えていくことが必要だということなのです。

実はドイツは、それを見据えているわけですね。現在、17％の自然エネルギー利用を、十年先には35%、二倍以上にしようとしているわけです。明らかに文明の転換期であることを認識して、進めようとしている。私は、日本もそれを当然見習うべきだと思います。このまま何もしないでいては、日本はまた周回遅れの選手になってしまうということですね。

大事なことは、これまでの安楽な生活を求めない、自分の足元から見直すことです。可能なところから自然エネルギーの利用を実践していくことです。太陽光パネルは三kWで一五〇万円かかりますから、とりあえずパネル一枚だけを買って、それで目の前で電気を起こして街灯を点ける、そういうことを経験するだけで随分違います。我々の身辺には自然エネルギーが溢れていて、工夫すれば使えるということを実感するでしょう。

それとともに、政府に対して自然エネルギーを優先する政策を要求していくことは当然必要です。とはいえ、あまり性急にならず、工程スケジュールを明確にさせることが今一番重要であると思います。十年計画、二十年計画をきっちり立てさせるということです。そして自然エネルギー、地上資源の有効利用のための研究投資、その実行を政府に要求していきましょう。要するに、自分の足元できちんと実践しながら、それをバネにして政府に要求していくということ、そのような姿勢が非常に重要なのではないかと思っています。

今、世論調査すると脱原発の声が60%くらいなのですが、その一方で再稼働の動きがあるわけです。野田佳彦首相は再稼働をチラつかせていて、たぶん大飯原発が再稼働の第一号になるのではないかと思いますが、原子力安全・保安院もストレステストに合格したと言っているわけです。いったん、それを認めてしまうと、どんどん広がっていくことは確かです。我々も「反原発」と言いながら流されていくことになりかねません。ここが頑張りどころです。時間をかけて、展望を持って、やっていくことが大事なのではないかと思います。

（非核の政府を求める会結成25周年記念のつどい　２０１２年3月24日）

# 科学者から見た原子力発電

安全性より経済論理を優先させ、大飯原発の再稼動が実施されることになりました。「安全性は確保された」という根拠のない言明や、「突然の停電が起こる」というような脅迫じみた言動で再稼動を強行した野田佳彦首相の独断専行に強い怒りを感じています。その背後には、経済界の圧力もあるのでしょうが、安易に安全性を保証している原発の専門家の存在も否定できません。ここでは科学者に関連する原子力発電の問題点をまとめてみましょう。

## 原子力の開発

ウラン原子の中心部にある原子核の分裂反応を利用することによって、巨大なエネルギーを取り出せることが最初に発見されたのは一九三八年のことでした。翌年になって、より効率的に核分裂を起こすプルトニウムが実験室で生成され、たった六年後の一九四五年に原爆が完成してヒロシマ（ウラン型）とナガサキ（プルトニウム型）に投下されました。人類が新兵器の開発について異常な情熱を傾けてきた一例と言えるでしょう。原子爆弾、さらにその何百倍もの爆発力を持つ水素爆弾を製造する技術へと止まることなく拡大し、人類を三回以上も皆殺しにできる核兵器を蓄積してきました。まさに狂気の歴史を歩んできたのです。それには科学者の協力が不可欠であったことは言うまでもありません。

他方、核分裂反応を制御して安定したエネルギー源として利用する技術は一九五〇年代に開始されました。原子炉内でウランの核分裂反応を一定の割合で起こし、発生した熱エネルギーを水に吸収させて高温の蒸気にし、その蒸気の圧力によってタービンを回して発電するというものです。これが原発（原子力発電）で、まだまだ未完成の技術であったにもかかわらず、その効率性が買われて急速に広まりました。アメリカでは潜水艦用の原子炉を陸揚げして大型の商業発電に転換し、世界に売り込むことを目論んだのです。アイゼンハワー大統領が一九五三年に国連で行った「アトムス・フォー・ピース（原子の平和利用）」演説は有名ですが、それは原子力エネルギーの独占を狙いつつ、技術を小出しにして友好国をつなぎとめようという政策でありました。

日本は、「平和利用」という美名に乗って、一九五四年には政治家だけの一存で原子力予算を通し、アメリカと不平等な原子力協定を結びました。ウランをアメリカからの供給に依存しているためもあって、その消費や生成物の処分など原子力に関わる事業の一部始終をアメリカに報告し承認を受けねばならないという協定でした。最初はイギリスからの原子炉輸入でしたが、やがてアメリカ一辺倒の原子炉導入の道を歩み始めました。先の原子力協定によってウランと原子炉をセットで受け入れることができるようになったためです。このときの原子炉は「ターン・キー・リアクター」と呼ばれました。つまり日本ではスイッチのキーを回すだけで、後はすべてアメリカにお任せするという100％の技術輸入でした。その後遺症は今でも残っており、本当に日本の独自技術が活かされているとは言えないことは、福島事故の対応に外国からの援助を求めなければならなかったことを見てもおわかりだと思います。

## 原子力三原則

原子力の「平和利用」が喧伝される中、日本学術会議において原子力研究の進め方に関して激しい論争が行われました。原爆の洗礼を受けた日本は一切の核に携わるべきではないという意見、軍事利用ではなく人々の生活を豊かにするとして積極的に本格的な平和利用を推進すべきという意見、未完成の技術だから基礎研究を中心にして慎重に対応すべきという意見などが出されたのです。その結果合意されたのは、原子力開発は自主・民主・公開の原則で行われるべきというもので、「原子力三原則」として総会で決議され、原子力基本法にも取り入れられました。三つ目の意見が主流であったのです。

しかし、日本学術会議のこの考え方は無視され、三原則は直ちに空洞化してしまいました。政府と企業が一体となって、大型原発を輸入して早く稼働させるという路線を推し進めたことが背景にあります。大学における小規模な原子力研究では三原則は遵守されてきたのですが、企業に対して厳密に適用することができなかったのです。先に述べたようにターン・キー・リアクターですから自主技術ではなく、企業秘密を盾にして民主的な手続きを省略し、公開の原則も守られませんでした。例えば、湯川秀樹は原子力委員会の委員となり、自主的な基礎研究が重要であると主張したのですが、外国の技術導入によって早く実用化しようという正力松太郎委員長の意見と相いれず、一年も経たないうちに原子力委員を辞任しました。そのような基礎研究重視の立場はどんどん後退し、商業化を優先する研究者集団ばかりとなっていったのです。その結果、いわゆる「原子力ムラ」と言われる閉鎖集団が原子力関係の学界を牛耳るようになり、仲間内だけの情報独占で原発の事故隠しが繰り返し起こりました。このような状況になって、原子力三原則は実質的に機能しなかったのです。

湯川秀樹の原子力委員辞任の頃から、基礎研究を重視する理学系の科学者(物理学者)と、実際に大型原子炉を動かしたい工学系の科学者(原子力工学者)というふうに、科学者集団も二派に分かれました。一般に、理学系の科学者は原理にこだわり、基礎研究を重視して応用開発研究には余り関心を持ちません。これに対し、工学系の科学者は原理よりは実用に供する応用技術を推進することに重点を置きます。理工系という言い方がされることが多いのですが、理学系と工学系にはこのような研究に対する基本姿勢の根本的な差異があるのです。

結局、原発の原理的な部分はわかったのだから後は技術の問題だとして、理学系の科学者が一斉に手を引き、批判もしなくなってしまいました。私は理学系の人間なので、このような動きは理解できるのですが、それが大失敗の源泉となったのではないかと思っています。原発が未完成の技術であるにもかかわらず、どんどん大型化し、ついに大事故を引き起こしてしまったのは、基礎研究をおろそかにしたためと考えられるからです。高速増殖炉「もんじゅ」や放射性廃棄物の再処理工場にそれぞれ一兆円以上もかけているのに、未だに正常運転ができないことがそれを物語っています。日本は基礎研究を省略して、一足飛びに実用に供しようとする傾向が強く、科学・技術の底の浅さを感じざるを得ません。早く商業化して国の役に立てたいという、明治以来の考え方が工学系の学問に沁みついているのです。数々の公害がそれを物語っています。それらは未完成の技術のまま拙速に実用に供するという工学的習慣が招いたものと言えるでしょう。

## 科学を見る視点

科学は万能ではありません。不確実なことしか言えない科学も多くあるのです。地震の予知、地球温暖化の原因、電磁波公害など、明確に答が出せない問題が山積しています。科学一辺倒に頼ることは危険なのです。非常に複雑なシステムである原子力も単純にコントロールできるわけではありません。そのような問題に関しては、科学以外の論理を持ち込む必要があります。

その一つの論理として、私は「予防措置原則」が大事であると言っています。危険性があると指摘されるものに対しては安易に手を出さないという原則のことです。弱者の視点、被害者の論理を優先する原則と言えるかもしれません。そのような観点で市民も科学と接していくことが求められているのではないでしょうか。

（「婦人之友」婦人之友社　２０１２年８月号）

追記　福島原発の事故が起こってから、原子力分野の研究者でありながら真摯に原子力の使い方について批判を続けてきた研究者たちに対して、急に光が当たるようになりました。その代表が「熊取六人衆」と呼ばれる、熊取町にある京大原子炉実験所で原子力利用の問題点まで研究し、広く公表して私たちが検討するための材料を提供してきた研究者たちで、今中哲二、小出裕章、川野眞治、瀬尾健、小林圭二、海老澤徹の六人です。海老澤・川野は助教授、小林は講師になりましたが、他の三人は助手・助教のまま定年で退職しました。当人たちは身分差別はなかったと言うのですが、科学者として正当に評価されず、低い身分のままに据え置かれたのであろうことは容易に想像されます。

このような学問内容についてのプラスもマイナスも含めた幅広い議論に踏み込まず、批判的な研究者の存在を許さない排他的な研究者が牛耳る研究分野は、まだいくつもあります。放射線保健学もそうで、放射線の効用ばかりを説き、その弊害を述べる者を極力押さえつけることで「学界の純粋性」を保っています。そもそも国際放射線学会が、核の使用を優先してきた国々の研究者によって占領されており、それに反対する主張は抹殺されてしまうのです。日本も例外ではありません。科学の世界であっても、科学とは無関係な歪みを抱えていることを忘れてはなりません。

# 人と地球と空と核

## ――宇宙的視点から考える――

今日はビキニの被爆の六十年の記念のつどいということで、果たして記念の講演になるかどうか自信はありませんが、これまで私は科学者という立場でものを言ってきましたので、今日も主に科学及び技術に関わる問題に焦点を当てて語ってみたいと思います。特に、これまでの六十年、これからの六十年という視覚で、科学技術がどのように変遷してきたか、科学や技術が今後どのような形で人間のために活かされるべきか、という問題について議論してみるつもりです。

### 六十年前のブラボー実験

始めに一九五四年三月一日、ちょうど六十年前ですね。ブラボー実験が行われました。いわゆる「実用水爆」で、航空機で運べる水爆の第一号として開発されました。ビキニ環礁二百キロ東、マーシャル群島の一つロンゲラップ島での実験です。ブラボー実験は十五メガトンで、広島原爆の千倍でした。

その後のロンゲラップ島では、アメリカ軍が除染をして住民をいったん帰島させたのですが、放射能汚染が続いているために多くの人々が逃げ出している、そういう状況が伝えられております。放射能の汚染地に人間を住まわせようという、まさに人体実験であります。核開発には人体実験はつきものであったということを、後で述べる予定です。

このブラボー実験で、第五福竜丸が被爆しました。航行禁止区域から外れた場所であったのにもかかわらず、被爆したというものです。同時に操業していた千隻を超える日本漁船も同様に被災したと言われています。その発掘が今いろいろ行われていますが[注1]、この事件の一番の問題は、日米政府間の取り決めによって被爆事件とはしないことにしてしまったことです。ヒロシマ・ナガサキ・ビキニ、そして今回のフクシマと被爆(被曝)の歴史として、当然重ね合わせ、語り継いでいくべきものであるにもかかわらず、実は公式にはビキニ事件は被爆として位置づけられていないのです。無視をしているわけです。ですが、私たちの記憶として常に想起しなければならないと思います。

注1　当時、同じ水域で操業していた元マグロ漁船員と遺族らが、「米国の核戦略を優先して、元船員の被爆情報などを六十年間も隠し続けてきたのは人権侵害の国家的犯罪」だとして国家賠償訴訟を提起し、その一審判決が二〇一八年七月二十日にあった。判決は賠償請求できる二十年間の除斥期間が過ぎているとして敗訴になったのだが、判決文では「長年にわたって省みられることが少なかった漁船員の救済の必要性について改めて検討されるべきだ。国などが検討していくことに期待する他ない」と言及している。問題点を認めたことは評価できるが、裁判所が自らその方法を検討する姿勢は示さず、結局言いっ放しになってしまうのではないか。

## MからMに

今日のこれからの話の軸として、国のパワーというものの源泉をたどってみようと思います。国のパワーとして最も具体的なのは軍事力ですね。直接的な軍事力、その軍事力の背景には経済力、軍事を支える経済というものがあります。経済力が背景となって軍事力を支えています。さらに、もう一つの背景に知力というもの、科学技術の力があると思います。軍事力にしろ、経済力にしろ、科学技術が背景にあってこそのことですし、科学技術がそれらを制御しているという捉え方もできるでしょう。

科学者流の傲慢な捉え方かもしれませんが、この六十年間の（私は、もっと長くこの百年間と言っていますが）科学の異様な発達によって、軍事力及び経済力が支えられてきたと言えるのではないかと思っています。そして、軍事国家は科学の力に自信を持ち、傲慢になっていった。そういう科学至上主義が、この六十年を支えてきたと言えるのではないでしょうか。

これまでの六十年というのは、科学技術の力がもっとも異様な発達をした、そして異様なる社会をもたらした時代であったと思います。それを私はあえて「MからMに」と名付けました。最初の「M」と言うのは軍事力の中心、つまり「メガトン」です。水爆というメガトン級の爆弾の開発というのが、まずこの六十年の主に前半期に行われました。そしてその異様なる核兵器開発競争が全体的な極限状態に達しました。

そこで次の「M」へ受け継がれました。今度は「メガキロワット」、要するに百万キロワットの原発が経済力の支えとして登場したのです。これはいまだに続いています。つまり「MからMに」＝「メガトンからメガキロワットに」という科学技術の力点の流れが、この六十年の間にあったのです。

## NからNに

それを私自身として、違った方向に変えなければならないと思っています。人間の顔をした科学技術と言っているのですが、人間にとって科学技術が人類の本来の幸福のために使われるためには何が必要であるか、ということを考えたい。それを、これから先の六十年という時間のスパンで考えたときに、キャッチフレーズ的に言いますと「NからNに」ということになるのではないでしょうか。

最初の「N」というのは原子力Nuclear Energyのことで、その依存から脱却して、次の「N」に、つまり自然エネルギーNatural Energyに転換するということです。その転換のための六十年という試行の時代を私たちは創りださねばならない、と考えているのです。後者の「N」で意味する自然エネルギーの時代は、私たち自身が自立し、かつ自律した生活を送り、自分自身を統治する時代のことです。つまり、スローであり、小型であり、分散であり、多様であるというように、現在の生産方式・経済方式とは異なった（対極的と言うべきかもしれません）、そういうスタイルを本当に目指す六十年とする必要がある。そうでなければ人類はサステイナブル（持続可能）ではないというふうに思っています。

## 科学技術の軍事化の時代

科学技術の軍事化というのは二十世紀初頭から組織的に始まったのですが、その大きな契機になったのは戦争です。戦争が起こる度に、科学技術というのは異様なる「発展」を遂げるわけです。この「発展」というのは「力の獲得」という意味であり、評価しているのではありません。異様とも言えるくらいさまざまな武器が開発され、それを当たり前のように人々が受け入れるようになっていった、という意味の異様さもあるわけです。

第一次世界大戦では、科学者の組織的動員が開始されました。それ以前は科学者が個人として戦争に協力するというのはありましたが、科学者の組織的動員は第一次世界大戦から始まりました。有名な毒ガス戦がそうです。

フリッツ・ハーバーという科学者が、その典型的な人物です。フリッツ・ハーバーは空中窒素の固定法という方法で窒素肥料を作ることに成功しました。空中にたくさんある窒素ガスを、固体にするという方法を見つけた人で、それによって農業革命を起こし食糧の生産量を一気に五倍に増やすことができました。そういう功績を残している人であるにもかかわらず、毒ガスの開発に非常に熱心でありました。「平和な時、科学者というのは国際的に連帯するけれども、いざ戦争になれば科学者は愛国者でなければならない」という言葉を残しています。そういうふうに、戦争というものが科学あるいは科学者を歪ませ、愛国者にならせてしまうという側面があるわけです。

たとえば寺田寅彦は私の好きな人なのですが、彼も例えば「戦争と気象」というエッセイで、気象学を知らずに戦争をするなんてバカなやつだという風に書いています。要するに、科学を応用しなければ戦争なんて勝てない、そういう露骨な言い方ではありませんが、科学者そして科学技術の戦争への動員が不可欠であることを暗示しています。戦争という事態になれば、必ず科学者を利用しなければならないと示唆しているのです。

第一次世界大戦では、潜水艦とか戦車、そして飛行機が戦場に現れた最初です。潜水艦と戦車は、既に開発されていた民生用の機械を軍事用に転用したものです。科学技術の大きな力を感じるのは飛行機の登場です。飛行機は、ライト兄弟が発明したのが一九〇三年で、この時はたかだか五百メートル飛んだだけです。ところが一九一一年、たった八年後には、既に戦場に偵察機が現れ、一九一六年、たった十三年の後には、ゴータ爆撃機にまで進化しました。たった十三年そこそこで爆撃機にまで「進化」したのです。はじめ五百メートルくらいしか飛ばなかった飛行機が、重い爆弾を背負って飛び立つまでにたった十三年しか経っていないのです。これには科学者の協力をぬきにしては不可能であったことは明らかです。

続く第二次世界大戦は、より徹底して科学者の動員が行われた戦争なのですが、とくに新兵器開発のための特殊プロジェクトへの総動員という方法が採用されました。原爆開発のマンハッタン計画が典型ですね。原爆の開発はドイツでもハイゼンベルクたちがやったし、日本でも仁科(にしな)芳雄が陸軍から頼まれ、荒勝(あらかつ)文策が海軍から頼まれました。日本はちゃちなものでしたが、それでも軍としては原爆に興味を示したわけです。

他には電波技術です。殺人光線と言われた波長の短い電波利用が敵機を捕捉するレーダーに結びつきました。それから飛行技術。ジェット機は完成しませんでしたが、Ｂ29のような大型の高速爆撃機を製作しました。さらにロケットや生物化学兵器と、実にさまざまな戦争に使える道具が開発されたのです。レーダーから派生した電子レンジは私たちの生活用品になっていますが、それがデュアルユース（軍民両用技術）の効用として持て囃されることになりました。そもそもは軍事技術から派生したもので、「軍事は発明の母」というわけです。

こうして、軍事目的のための科学技術が組織的に開発され、拡大されてきた時代が過去の六十年であったのです。

## 爆弾の進化

さらに具体的に見るために、一八六〇年から一九六〇年までの百年の間の爆弾の「進化」を振り返ってみましょう。

一八六〇年というのは、リンカーンが活躍したアメリカの南北戦争の時です。その頃の大砲は二十キログラムくらいの爆弾で、せいぜい十キロほど飛び、命中すれば五人が亡くなる程度。そういう時代であったわけです。

それが第一次世界大戦時である一九一五年頃には、いわゆる二トン爆弾が出現しました。寺田寅彦は「四千ポンドの爆弾」というエッセイを書いていますが、二トン爆弾をさっきのゴータ爆撃機でよろよろと運んで百キロ先で五十人を殺傷しました。

第二次世界大戦後になると、原爆・水爆となって桁違いとなったため、先の爆弾の重さとは違う量り方となり、爆発力の大きさをＴＮＴ火薬の量に換算した時の重さで表しています。ヒロシマに落とされた原爆は十五キロトン、キロトンは千トン単位ですから、十五キロトン＝一万五千トンということになります。一気に一万倍もの爆発力を達成したのです。そして、テニアン島から広島まで飛行機で四千キロ往復し、広島原爆は二十万人から二十五万人を殺傷しました。

さらに一九六〇年になると、水爆の爆発力が二十メガトンへと増強されました。メガというのは百万ですから二十メガトン＝二千万トンという意味です。第一次世界大戦時に比べると一千万倍にもなったわけです。これを飛翔距離が一万キロのＩＣＢＭで、世界中どこにでも撃てるようになりました。殺傷力はざっと二百万人と言われています。東京に落とされたら二百万人で済まないと思いますが。

たった百年のうちに、爆発力は十億倍、飛翔距離は一千倍、犠牲者は四十万倍に増えたわけです。ミサイルで運んで相手を爆撃するわけですから、爆発力と飛翔距離を掛けた能力で言えば、なんと一兆倍にもなったというわけです。

私たちは、科学技術がもたらしたこういう恐ろしい事態を、「知らずに」ではなく、「知った上で」共存してきたのです。そのような「爆弾の進化」が起こったことを直視する必要があります。科学者の協力があればこそであったことも紛れもない事実です。

## 核兵器の時代

冷戦時代はひたすら科学技術が核軍拡に協力した時代であったと言えるでしょう。まさにメガトンの時代が続いたのです。アメリカ、ソ連（今のロシア）、イギリスが、次々と原爆を開発しました。その次には水爆を、この三国がそれぞれ五四年、五五年、五七年に開発したわけですね。そして九二年、九一年、九二年に、アメリカ、ソ連、イギリスが一旦開発を中止しました。その後、フランス、中国と続きます（ともに九六年）。中国は中止でなくて「凍結」ということになっています。インドは原爆（七四年）から水爆（九八年）へと進み、まだ中止あるいは凍結ということには至っていません。それからパキスタン（九八年）とか北朝鮮（〇六年）も原爆実験をやりました。

一九六三年「ＰＴＢＴ（部分的核実験禁止条約）」が、アメリカ、ソ連、イギリスの三国の間で結ばれました。大気圏内での核実験を中止するというもので、要するにこれら三国は原水爆の空中での実験をほとんどやり終えて、ノウハウを完全に身につけたということを意味しています。これらの国々が核の独占を目指したと言えるでしょう。ところが、フランス（六〇年）と中国（六四年）が原爆開発で追いつき、さらに六八年と六七年に水爆を完成させました。

そのこともあって、一九七〇年、「ＮＰＴ（核不拡散条約）」が結ばれています。今度は、米、英、ソ、フランス、中国と、五カ国の核独占体制を維持することが目的となったわけです。後で言いますように、NPTに関しては色々と検討し直すという動きが今もありますから、無下に否定するつもりはありませんが、大国中心の核の条約というのは、技術的には完成した段階で核独占をすることを目的として結ばれてきたという側面があります。私たちがとりあえず求めるのはCTBTでありまして、「包括的核実験停止」ということを全面的に求めなければならないと思っています。[注1]

これまでに確認された核実験は、二三七九回ということになっています。核兵器の保有数が二〇一三年七月段階で一万七三〇〇発です。最高のときは、なんと六万五千発もありました。六万五千発あって、一つが五百キロトンの爆発力とすると、人類一人あたり五・四トン分の爆発力だと計算したことがあるのですが、よく言われている全人類を三回殺せるどころか十回も殺せるくらいの桁です。核兵器が異常に蓄積されたことがわかります。一方ではウクライナ、カザフスタン、ベラルーシというような核兵器を廃棄した国はあるわけですが、それはソ連の崩壊に結びついています。南アフリカが破棄したというのは自主的なもので、希望が持てる選択でした。

注1　私たちが本来的に求めるのは、核実験の停止に留まらず、核兵器そのものの廃棄・廃絶です。その願いの第一歩として、二〇一七年七月七日の国連において「核兵器禁止条約」が百二十二カ国の賛成で採択されました。また、これを推進したICAN（核兵器廃絶国際キャンペーン）に二〇一七年度のノーベル平和賞が授与されました。五十カ国が批准しないと条約として

成立しませんが、近いうちに達成される見込みです。しかし、被爆国である日本がこの条約に反対して、一切協力の姿勢を見せないことに憤懣やる方がありません。

## 核兵器使用の危機

アメリカが核兵器の使用を実際に検討したということが過去の歴史で何度もありました。使用検討ですから実際にどこまで深刻に検討されたのか、本当に核兵器のスイッチを押すところまでいったのかどうか、それはわかりません。しかし、一九五〇年六月の朝鮮戦争や一九六二年のキューバ危機ではスイッチが押される直前まで行ったようです。それ以外にも、一九六八年のベトナム戦争時のケサン攻防でも使用寸前であったと言われています。

現実に核兵器が使われる事態以外にも、核兵器の事故というのが度々起こっていて、五つあるスイッチの内四つまで外れていたという事故も現実には起こっています。人間の意志として核戦争を起こしうる、起こすかもしれない、起こす可能性があるということを考えた事が何度もあったわけです。

このように私たちは非常に恐ろしい時代を経てきたわけです。全面核戦争による核の冬が言われましたが、人類存続の危機というのが現実にあったのです。むろん、現在も依然として核兵器は多数残っております。その一方で、核兵器の禁止、あるいは削減条約というのが色々試みられ、部分核停とかＮＰＴ、ＮＰＴの再検討会議というような、様々な交渉を通じて野放図な核兵器開発競争の時代から、少しずつ前へ進んできました。核兵器を独占する国々による非常に限られた範囲内ではありますが、お互いの睨み合い状態での妥協として核兵器の部分的削減が進んできたわけです。それによって核兵器が、先ほど述べたように六万五千発から一万七千発くらいまで、四分の一程度に減りはしました。実は一万七千発あるだけでも非常な脅威ではあるわけですが、それにしても核兵器を使わせないという私たちの圧力が一定程度現実の力となって影響を与えているのではないでしょうか。

## 人体実験

はじめにちょっと触れました核に絡む人体実験に関するエピソードをお話ししましょう。

核兵器には必ず人体実験が伴っていました。ヒロシマ・ナガサキへの原爆投下の後、一九四七年に開設されたＡＢＣＣ（原爆傷害調査委員会）が置かれ、原爆を受けた人たちへの治療は一切せず、観察だけをずっとやってきました。あれは一つの人体実験であったと言えるでしょう。

世界最初の原爆実験は一九四五年の七月に行われていますが、それ以来人びとがほとんど住まない地域で原水爆実験と人体実験が平行して行われました。フランスが行ったサハラ砂漠での核実験もその一つです。原爆実験の風下に兵士を動員して被曝量を調べる。あるいは風下側の住民には一切知らさずに実験が行われました。ビキニの水爆実験の場合は、マーシャル群島の人たちに対して人体実験を行ってきたと言えます。またキノコ雲に飛行機で突入する、というようなひどいこともやらせたわけです。

プルトニウムをガンの患者に飲ませて体内でプルトニウムがどのように移動するかを調べる人体実験も行われました。ガン患者や囚人に対する放射線照射実験などもあり、累々と人体実験の例があります。いずれも原子力委員会が計画したものです。

それがクリントン大統領の時代に暴かれたのですが、核兵器開発と人体実験は切り離せないコインの裏表であったということができると思います。その際、科学者は人びとに何ら説明せず、そのまま実験を行いデータを得てきました。人体実験に加担してきたわけです。

科学者は、これによって得られたデータは、多くの人々に対しての被曝量の限度を決めるのに大いに役立った、多くの人びとの利益になったではないか、と言って居直りしました。人体実験の口実は常にそれなのです。被験者にされた個人は別として、その実験によって多くの人に役立つ結果が得られたというわけです。まさに功利主義的な考え方が徹底されたのです。つまり、犠牲者とか、弱い立場の人たちとか、貧しい人たちとか、そういう差別された人間の意思を踏みにじるということが極めて当たり前になっていたのです（現在もまた）。核というのは、放射能・放射線被曝を扱うため、未知の要素が非常に多いという側面もあって、人体実験が露骨に行われてきたと言えると思います。

## メガキロワットの時代へ

「M」に始まるメガトン時代は一九六〇年代の半ば辺りで、新たな「M」つまりメガキロワットの時代に受け継がれます。これは原子力利用ですね。原子力利用の科学技術は、フェルミが造ったシカゴ・パイルという実験用原子炉が第一号です。その跡継ぎの本格的な原子炉がハンフォードの原子炉で、もっぱら核兵器を開発するためのものです。核兵器に使うプルトニウムを生産するための原子炉ですから。

いわゆる一九五三年のアイゼンハワー大統領の国連演説「原子の平和利用 atoms for peace」は、核兵器による世界秩序の確保ではなく、核の平和利用という形での世界を支配する新しい方針でありました。それ以後、核の平和利用が具体的に展開していくわけです。私はこのメガキロワットの時代は「資本主義のポチとなった科学技術」の時代という風に言っているのですが、まさに資本主義に足並みをそろえるかのように、科学技術が積極的に資本主義のために協力するという時代がやってきたと言えます。

ソ連、イギリス、アメリカなどでまず小型の原発が開発され、やがて商業用原子炉に拡大していきます。商業用原子炉としては、アメリカのドレスデン炉が二十万キロワット、ソ連のノヴォヴォロネジ原発が二十一万キロワットで始まりました。それに続いて、メガワットからメガキロワットの時代に移ってきました。

原発を採用している国をずらっと並べて調べてみますと、現在で二十九カ国あります。全世界では四八〇基くらい、計画中、建設中を含めるとほぼ五〇〇基が原発として稼働する、稼働している、あるいは稼働する見込みであります。このうち米、仏、日、独、中、英、スウェーデン、スペイン、台湾、ベルギー、スイス、チェコ、などの国々は百万キロワット、つまりメガキロワット以上の原発を備えている国です。

日本は一三八万キロワットが今のところ最大の原発であります。浜岡の5号機なのですが、二〇〇五年に完成して動き始めたところでした。これも含めて、百万キロワット以上は二十四基にも達します。日本の原発は五十四基あったわけですが、とりあえず福島第一の四基が廃棄され、さらに5号機6号機も廃棄されて、四十八基になっているわけですが、そのうち二十三基が百万キロワット以上です。要するに、半数近くが百万キロワットで、まさに原発の基本的なサイズが百万キロワットということになっているわけです。

出力が一番大きい原発はフランスの原発で一五六万キロワットです。途轍もないものを造っています。ロシア、韓国、ウクライナという国では、ぎりぎり百万キロワットで止めています。なぜかわからず、ちょっと不思議なのですが。カナダは最高が九十三万キロワット。インドは五十四万キロワットということになっています。いずれにしろ、科学技術の莫大な力を原発という、それもより巨大なもの、百万キロワットレベルのものにどんどんシフトしていくという

時代がだいたい一九六〇年代の終わりから二〇〇〇年まで続いてきたのです。注2

注2　二〇一一年の福島原発事故で、安全性のためにさまざまな改良や新装置が義務付けられるようになり、原発建設の費用は四〇〇〇億円から一兆円を超すとまで言われるようになりました。そのため、多くの国が原発推進路線から撤退するようになっています。また、アメリカのウェスチングハウス（WH）やジェネラルエレクトリック（GE）は原子炉事業から撤退しており、WHの債務を体よく押しつけられた東芝は多大な損失を被り、倒産の危機に直面したことはよく知られています。

## 日本の原子力開発と事故

日本の原子力開発はよく知られているように「中曽根予算」から始まりました。科学者の頬を札束で叩いたと言われていますが、ウラン235に因んだ2億3千500万円の予算から始まったわけです。本格的に大型化が始まったのが敦賀（つるが）第一号機の三十五・七万キロワットです。美浜や福島第一が七一年に発電開始ですから、大体四十年が過ぎています。原発建設のピークは七〇年代です。敦賀第一が有名なのは、一九七〇年に大阪万博で敦賀第一から原発の電気を引っ張ってきたからで、歴史的な「原子の光」であると言われたということは、うっすらと私の記憶に残っています。そのあとすぐに美浜が稼働しました。四十年前に日本の原子力開発は最盛期を迎えたとも言えます。一番新しい原発は二〇〇九年の泊(とまり)の3号機の九十一万キロワットなのですが、この時代までずっと続いてきたわけですね。

日本で起こった原子力事故はさまざまです。私自身は九五年の高速増殖炉もんじゅのナトリウム火災事故というのが印象に残っています。核燃料サイクルの要となるべき高速増殖炉がまともに動かない。以後ほぼ二十年弱経ちますが、まだ動いていません。しかしまだ、核燃料サイクルの旗を降ろしてないわけです。それ以後もＪＣＯの臨界事故(一九九九年)で二人の犠牲者が出、美浜の原発蒸気細管破断事故(二〇〇四年)で五人も作業員が亡くなっています。そして、ついに福島第一原子力発電所のメルトダウン事故が二〇一一年三月十一日に起こったということであります。

東電のトラブル隠しが発覚したのが二〇〇二年でした。あの時、東電が管轄する原発十七基全部がストップしました。この時まで、大小全部あわせるとほぼ一千近くものトラブル隠しがずっと続いていたわけです。そのツケが集中的に現れたのが福島事故ではないかと思っています。

原発の事故確率を計算しますと、かつては十万年に一回、つまり原発一基あたり十万年に一回事故を起こすと言われていました。これは過酷事故のことで、メルトダウンを起こすような過酷事故は十万年に一回と言われましたが、スリーマイル島、チェルノブイリ、それから福島と大事故が起こり、それらを含めるとほぼ五百年に一回ということになりました。

そんなに高い確率だと人びとに信用されないということで、ごまかしをする人がいて、福島を三基ではなく一回と数えましょう。三基と数えるから五百年になるので、一回とすると一五〇〇年に一回の事故確率であると言う人もいます。それから事故を経験して安全性が高まったのだから、もっと低い確率になるはずだといいます。このようなまやかしの議論で軽く見せようというわけです。

福島では、まだ原発の内部をぜんぜん見ることができずにいます。大津波だけを問題にしていますが、地震で壊れた箇所があったかもしれません。現地でどういう経過で起こったか、どういうふうに具体的にメルトダウンが起こっていたのか、全くわかっていません。だから安全性が高まったなんて言えないわけです。言えないにもかかわらず、安全性が高まったなんて平気で言う神経が私にはちょっと信じられないのですが、私たちはそういう言葉に騙されてはいけないということです。

## トリウム原子炉

ここでエピソードとして、トリウム原子炉という話をちょっとしておきます。トリウムという原子核があるのですが、トリウム２３２という原子核は、ウランの三～四倍の資源量があります。この原子核は中性子を吸うとウラン２３３という重さの原子核になって核分裂を起こします。溶融塩原子炉という、フッ化物としてトリウムを溶かしたもので原子炉を造ろうという構想がありました。これだと冷却材喪失事故が起こらないとか、炉が壊れても冷えてすぐ固まってしまうとか、放射性廃棄物がウラン炉より少ないとかの長所が言われています。原爆の材料になるプルトニウムが作れないということも言われています。これらはトリウム原子炉を宣伝する人たちが言っていることですから、どこまで具体的にシミュレートされているかよくわかりませんが、放射性廃棄物が一般的に少なめで、安全性もウラン型より高そうであるということは事実のようです。

私はこれを推奨しているわけではありません。言いたいことは、要するに爆弾としてのウラン、あるいはプルトニウムの開発が先行した結果として、ウラン炉が原子炉の主流になったという歴史的事実であります。トリウムはいろんな原子核と結びついているので、鉱石を取り出すこと自体が厄介ということもあったのですが、ウラン炉よりは比較的安全であると言われているにかかわらず、ほとんど研究されないまま見捨てられてきたという歴史があるわけです。ウラン炉とトリウム炉を比較してみるとトリウム炉の方が危険性は少ない。にもかかわらずウラン炉が選択されたのは、まず原爆という軍事力と結びついていたためです。歴史の必然のようにウラン炉が選択されてきたように見えるけれど、もしも原子炉から核の利用が始まっていたらトリウム炉が選ばれていたのではないかと思うわけです。このような歴史も抑えておく必要があるのではないでしょうか。

## 原発の安全神話

福島事故が明らかにしたことは、科学技術としては可能ではあっても、全てやっていいというわけではないということ、それを私たちは痛烈に学んだ、ということであります。いかなる建造物でも限界強度という制限を設定しています。耐震基準や建築基準法なんかを私たちはよく知っているわけです。私は技術の行使は「妥協」の結果と言っているのですが、妥協しなければ技術は行使できません。あるいは「割り切り」という言い方もあって、「割り切らなきゃ何もできんよ」なんてよく言いますね。

原発という危険物は絶対に事故を起こしてはいけないから、いかなる規模の天災も想定し、安全を確保しなければならないわけです。そう考えると、地震や津波の多い日本は原発には適していないことは明らかです。つまり、原発というのは一切事故を起こしちゃならない人工物だと知っていたことから、事故はめったに起こらない、ほとんど起こらない、絶対起こらないと思い込ませるようになり、そのうちに起こったらどうなるかを考えようとしなくなったのです。これこそが安全神話と言えるでしょう。しみじみ考えますと、日本に原発は設置すべきではなかったということになりますね。

## 放射線の健康への影響

放射線の健康への影響について少し言っておきましょう、始め、放射線被曝の恐ろしさというのはなかなかわかりませんでした。たとえばマリー・キュリーの娘イレーネと夫のジョリオは五十代でなくなりました。フェルミもそうで、放射能がからむ実験に従事していたため若死にしました。マリー・キュリーは六十七歳まで生きましたが、白血病で亡くなりました。皆、実験中に浴びた放射線が死の原因でした。

放射線の量としては一九三四年までは「耐容線量」という言い方をしていました。人体が耐えられる量だというわけです。次に、「許容線量」となりました、許される量であるという言い方に変えたのです。やっと一九五〇年代に「線量限度」と呼ぶようになったのですが、as low as reasonably achievable として「無理なく達成できる範囲で少なく」すればよいという言い方でした。

ここで言っておきたいのは、ＩＣＲＰ（国際放射線防護委員会）とかＩＡＥＡ（国際原子力機関）とかＷＨＯ（世界保健機関）とか色々な国際機関が放射線管理について述べていますが、全体としては甘い条件になっています。これは中川保雄さんの素晴らしい著作（『放射線被曝の歴史』明石書店）がありまして、「核兵器や原子力利用の推進国が中心に作ってきた国際管理組織であるということを十分注意しなさい。そこで策定されている線量限度というのは、現実に人間に対してほんとうに危険であるというレベルを示しているのではなく、ある程度経済的に可能な範囲でやれる量を限度として決めているのである」と指摘されています。

要するに、安全のためには放射線の限度量を可能な限り厳しくすべきなのだが、限度量を厳しくするには管理を厳しくしなければならず、その管理のためにお金がかかることになる。そんなお金をかけるのはもったいない。少しは犠牲が出るかもしれないが、それはごく少数なのだから、多くのお金をかけずに、手軽な管理の方に経済的合理性があるというわけです。だから放射線の健康への影響に関しては、いわゆる国際機関の言明といえども、私たちは眉に唾をつけて受け取る必要があるということです。

## 身近なところからひとつずつ

ということで「NからNへ」（核エネルギーから自然エネルギーへ）ということについて、あまり時間がなくて詳しくやれませんでしたが、私たちが持続するためには、核兵器の完全廃棄というのは言うまでもないことです。まだ一万七三〇〇発もありますから、核戦争の危機はまだまだ続いています。二月の十三、十四日にはメキシコで第二回の核兵器の非人道性に関する国際会議が開かれました。次には秋にストックホルムで開かれます。こういう会議を積み重ねるしかないわけですが、言い換えるとこういう会議で核兵器保有国を包囲していくことをやり続けることによって核兵器の数は減っていくわけです。

それから、原発路線からの脱却でこれ以上被曝者を出してはならず、脱原発・再稼働反対の声を出し続けること以外にはないと思います。もうひとつは、地上資源文明の構築というのを私たちの合言葉にしませんかということです。身近なところから少しずつやっていきましょうと呼びかけたいのです。分権社会を目指すということでもあります。私たちはお任せではなく、個人として自立しているということがやはり最も大事なことではないかなと思います。

（「ビキニ水爆・第五福竜丸被ばく60年記念のつどい」での記念講演
２０１４年3月1日　主催・（公財）第五福竜丸平和協会）

追記　本講演を基にして『核を乗り越える』（新日本出版社）を出版した。
第五福竜丸は現在、東京・江東区夢の島公園の都立第五福竜丸展示館にて公開されている。

# II

# 原発を知るためのキーワード

## ベクレルとシーベルト

福島原発事故によって俄かに人々が知るようになった、放射能と放射線の強さを測る単位である。放射能の発見（ベクレル）と放射線の照射（シーベルト）について貢献した西洋の科学者名に由来する。

目に見えず、匂いもなく、火を通しても減らない放射能（放射性物質）と、それから発せられる放射線が、日常に入り込んで私たちの生活を脅かしている。「私は科学に弱いけれど、それでも十分やっていける」と思っている人であっても、こと放射線被曝の問題となると他人事でなくなってくるのではないだろうか。文系であろうと理系であろうと、誰もが放射能のことについて知り、それなりの対処の仕方を考えなければならないからである。世界中で四百基以上の原発が稼働し続ける限り、今後ますます放射能汚染は身近になってくるだろう。原発事故はどこでも起こり得るからである。その意味では、ベクレルとシーベルトという放射能についての言葉は常識にならざるを得ない。

放射線を出す能力（あるいは放射線を出す物質そのもの）を放射能（放射性物質）といい、ベクレルとは放射性物質が発する放射線の強さのことである。かつてはキュリー単位で「一キュリーはラジウム一グラムが放出する放射線の数」であった。これは実用上強すぎるので、その三七〇億分の一を一ベクレルと呼ぶようになった。物質（例えば、ホウレンソウとか牛乳）の一キログラムあたりとか、土地の一平方メートルあたりで、どれくらい放射線が出ているかを示す。むろん、それが大きければそれだけ多く放射線が出ていることになり、用心しなければならないことは言うまでもない。

とはいえ、放射線といっても三つの種類があり、それぞれに応じて人体への影響は異なっている。アルファ線（実体はヘリウムの原子核）は人体の表面で止まるが、その部分を強烈に損傷するのに対し、ベータ線（電子）は中程度に体内に入り、ガンマ線（X線より強い電磁波）はより深く人体内部に入り込むことで、遺伝子に悪影響を及ぼす効果が大きい。放射能によって放出される放射線が異なり、人体が吸収する量も異なっているから、同じベクレル単位であっても人体への効果は異なってくる。それらを考慮して、人体がどれくらいのエネルギーの放射線を吸収するかを計算した数値がシーベルトである（その千分の一がミリシーベルト、さらにその千分の一がマイクロシーベルト）。単純に言えば、どれくらい放射能に汚染されているかを見るにはベクレル、それがどれくらい人体に有害であるかを見るにはシーベルトを目安にすればよいということになる。

しかし、シーベルトは、局部に集中して吸収されていても、体全体に均してしまうから低い値になってしまうという問題点が指摘されている。特に内部被曝の場合、放射能が特定の内臓に溜まっていたら、その部分では強く照射され吸収量も多い。そのような場合を考えて、物質一キログラム当たりで吸収される量を定義するグレイという単位を使うべきという意見がある。

（京都新聞「現代のことば」２０１１年9月28日）

# 放射線被曝問題

放射線の照射が累積すると、被曝した放射線量に比例してガンなどの発症率が増加することは実験的に立証されている。放射線量に比例して遺伝子損傷が大きくなり、損傷に応じて病気の発症が増えてくることは当然予想されることである。むろん、遺伝子損傷だけでなく、放射線被曝によって臓器そのものに与える負荷が加わるので、ガンだけでなく、内臓疾患にからむ病気に罹（かか）り易くなる。そのような病気を引き起こす物質には化学物質やタバコや酒類もあり、放射線被曝もその一つだから、どれが原因であるとは定めがたい（相乗効果もあるし）。これが放射線被曝問題を複雑にしている。

特に問題になるのは微量放射線の場合で、遺伝子損傷と放射線被曝量との比例関係がずっと下まで続いているか、どこかで閾値があってそれ以下では危険性はないのか、が問題となってくる。微量になると、それが原因で病気が発症したのか、他の原因の方が効果が大きいのか、簡単には（多数の症例を見ないと）わからず、いずれが正しいのかの決着をつけるのが困難になるからである。

このような場合には、どんなに微量であっても危険性はあるとして、なるべく放射線を浴びないことである。これを予防措置原則といい、危険性が完全に証明されていなくても予防的に遠ざけておくのが得策なのである。特に成長期にある胎児や幼児は、遺伝子が盛んに成長している段階にあって放射線の影響を受けやすいから、無用な放射線を浴びないようにすべきである。福島事故の場合、原発から三十キロ圏内、および局地的に放射能を多く含んだ雨が降り注いだ地域の子どもたちは全員強制避難させるべきであった。

しかし、過度に恐れて一切を排除しようとするのには賛成できない。私たちは自然放射線と呼ばれる、地殻や宇宙からやってくる放射線を浴びている。それは、平均して一年で二・四ミリシーベルトとされており、この地球に生きる限り、それだけの放射線を浴びざるを得ないのである。その結果として、放射線に由来する病気（ガンや血液病など）で亡くなっている人もいることは確かだろう。人間はそれに対する免疫を獲得しているという意見があるが、私はその立場はとらず、環境からの逃れられない負荷と考えている。人間という宇宙の産物が持たざるを得ない宿命なのである。

現在の国際的な基準は、人間が受ける余分の放射線の量を、この自然放射線量のおよそ半分の一年一ミリシーベルト以下とすることになっている。これを目安にして自分で理性的に判断することが大事である。だから、国が一年に二〇ミリシーベルトという値を帰還の条件として定め、次々と避難命令を解除して帰還を促しているのは無茶苦茶であることがおわかりだろう。それどころか、放射線防護学の学者で一〇〇ミリシーベルト以下であれば安全だと主張する者もいて、まさに御用学者と言わざるを得ない。「放射線は恐れるに足らず」といういわば「自爆派」であるからだ。

放射線の規制基準を提案している国際団体のＩＣＲＰ（国際放射線防護委員会）も、基本的には放射線の利用拡大を優先しており、そのためには放射線による障害が頻出しない程度には規制するという態度で一貫している。このような態度は、世界中の放射線防護学の専門家に共通しており、日本だけが例外ではない。かれらは、例えば外部被曝は評価するが内部被曝の危険性はほとんど無視し、さらに外部からの放射線照射量も体全体に均して（シーベルト単位）計算するので、結果的に被曝量は小さくなってしまう。そのため危険性を過小評価することになっているのである。本来は照射した部分のみで被曝量（グレイ単位）を計算しなければならない。

（未発表　２０１２年執筆）

# 再稼動

もとより、これまで定期点検や修理のために休止していた設備を再度動かすという意味で、現在では原発の再開を指す。単に止めていた原子炉を動かすだけではなく、日本の原発全体をどう考えていくかが問われている。そのような厳しい目で「再稼動」を捉えなければ、日本は先行きを誤るのではないだろうか。今回の再稼動は大飯原発に関わることであり、それは、とりあえずは関西電力（以下関電と略す）の問題と言えるが、他の電力会社も虎視眈々と再稼働を狙っているからだ。

私は地元である関電の動きを注視してきたが、今夏の電力不足に対する努力が足りなかったのではないかと思っている。多くの企業は電力不足を警戒して自主発電設備のために投資したり、電力確保のための生産工程のシフトを検討したりしているのに対し、関電はそのような具体的対策を一切公表していないからだ。せめて、これだけの努力をしたけれど夏の需要を賄うのに間に合わなかった、と伝えるビラを各戸配布すべきであった。

そのような関電の無作為を問題とせず、京都府も滋賀県も大阪府も、結局再稼動を容認してしまった。敦賀、大飯、美浜、高浜に十三基もの原発が立ち並び、原発の事故によって琵琶湖が放射能汚染されれば、直ちに関西は立ち行かなくなることは明白である。それがわかっているのだから、近畿の自治体は徹底的に再稼動を拒否すべきであった。「計画停電や突然の停電があるかもしれない」という野田首相の脅しに屈したとしか思えない。再度の原発事故というような不測の事態を招けば、関電は信用を失って国家管理となってしまうだろう。電力不足を煽ってひたすら原発の再稼動ばかりを狙ってきたのだから。

私は、政治家や電力会社が高をくくって、「これまでと同じ生活を続けたいなら再稼動を呑むべきだ」と、原発を押しつけているのだと思っている。今夏の再稼動が実現すれば、来年はもっと多くを再稼動できるだろう、国民もそれについてくる、そうなれば原発路線は変わることなく継続していける、そう考えているとしか思えないからだ。

それに対して私たちは脅しに屈することなく、今こそ生活スタイルを変えるときと決心して、きっぱりと抵抗するべきではないか。学校や役所の時間帯を変更して、電力のピーク時に休めばよい。その分は夕方や土曜日に移すことにしたらいい。暑いさなかの高校野球だって、朝と夕方の試合にして何の不都合があるのか。思い切って止めてしまっても構わない。それは寂しいと言われるかもしれないが、エネルギーの多消費時代から省エネルギー時代への変化の中で、新しい習慣へと移行していると考えればよいのである。私はこのような電力事情を勘案した生活スタイルを「生活の電力シフト」と呼んでいるのだが、さて皆さんはどうお考えだろうか。

今回の原発の再稼動は、節電意識の高まった国民の意気込みを無視して、旧に復することだけを目指しているに過ぎない。そのことを見抜いて、原発の再稼動になおも抵抗していきたいと思う。脱原発の潮流が強まっている世界情勢と逆行する施策は、国の先行きを誤らせることになるのは確実なのだから。

（未発表　２０１２年執筆）

# 「生活の電力シフト」の提案

大飯原発の再稼動が開始された。これを端緒にして、日本は再び原発拡大路線を歩み始めるのだろうか。未完成の技術、不完全な安全対策、累積する放射性廃棄物、未来の世代への負の遺産、原発にはこれら諸々の矛盾があり、いずれ自然エネルギーを中心にしたエネルギー政策に転換しなければならないことを誰もが知っている。

しかし、それらは「いずれ」のことであり、当面の糧や儲けのために小手先でごまかして先送りする、そんなことを繰り返してきたのが日本であった。今、日本の技術がガラパゴス化して国際競争力を失っているのも、近視眼的な利益のために狭い範囲の改良しか行わず、根本的な技術革新を怠ってきたツケが来ているのではないだろうか。

福島の原発事故を奇貨にして原発路線から撤退し、本格的な自然エネルギー社会へ歩みだす最大のチャンスであった。ところが、原発の再稼動を促し、さらに同じような原発依存を続けようという政策が明らかになって、みすみす絶好の機会を失うことになってしまった。これではいっそう日本のガラパゴス化が進み、三流国に転落していくことは必定である。

東日本大震災と原発事故を目の当たりにして、私たちがいかに電力に依存したエネルギー浪費体質になっていたかに気付かされ、さらにその電力は過疎地に押しつけた原発によるものであったことを知るようになった。その反省から、脱原発の世論が盛り上がり、節電に励むようにもなった。今年の夏だって、やり繰りすれば原発ゼロで乗り切れると多くの人が考えていたのではないだろうか。

ところが、政府は脱原発依存と言いながら具体的な工程表も示さず、原発再開ばかりを狙っていたとしか思えない。実際、野田首相は記者会見で、「不意の停電もある」と国民を脅し、「安全性は確保されている」と嘯(うそぶ)いて原発路線の継続を宣言した。そのうちに脱原発の声も弱まるだろうとの、高をくくった態度がミエミエであった。野田首相は、原発依存から脱した最初の名宰相になる可能性があったのに、日本を時代遅れのままにした最悪の首相となることは確実である。

とはいえ、私たちも、ただ手を拱(こまぬ)いて脱原発を唱えているだけで、自然エネルギー社会に向けて可能な部分から実践しないことには共犯になってしまう。でも、何をすればいいのだろうか?

私はとりあえず「生活の電力シフト」を提案してみたい。企業は「生産シフト」を計画している。夏のピーク時は仕事を休んで電力不足を回避する。電気代の高い時間帯を避けるためである。電力を食う機械の稼動時間を、週日から週末に、昼間から早朝や夜間に移す作戦だ。それと同様なことを私たちの生活にも取り入れることを考えてはどうだろうか。暑い昼下がりには、役所や店は閉め、学校も休みとするのだ。その間は昼寝をしたり、クーラーが効いている図書館や百貨店で涼むことにして、夕方か早朝に再開する。土曜日の午前中を利用するのもよい。いかにも能率が悪そうに見えるが、暑いさなかに働いたり机に向かったりすることの方が非能率であり、クーラーにかかる費用もバカにならない。電力消費を抑えるための新しい習慣として定着させればよいのである。かつて、イタリアやスペインでは昼食後に昼寝をするシェスタが通例であった。競争力が失われるとしてその習慣をなくしたのだが、現在のこれらの国の経済状態を見れば、シェスタの廃止が有効であったと言えないのではないか。

それに伴って夏の高校野球だって早朝や夕方に時間帯を移すことを検討すべきだろう。あの暑熱のさなかにクーラーをガンガンつけてテレビ観戦するのは異常なことであるからだ。そもそも真夏の昼間の高校野球を中止しても構わないのではないか。球児たちの活躍が見られないのは寂しいと言われるだろうが、何も従来どおりに行わねばならないこともない。涼しい時期に行えばいいからだ。「生活の電力シフト」として新しいやり方を考えればよいのである。要は慣れの問題なのだから。

これまでのエネルギー浪費体質のままでの脱原発や自然エネルギーへの移行は不可能であり、生活スタイルそのものを見直すことから始めたいと思う。深夜テレビは止めて早起きし、涼しい朝の爽やかさを楽しまれてはいかがだろう。コンビニも二十四時間営業を止めればよいのである。年中開店しているコンビニの方が、むしろ異常なのである。今まで経験しなかった早朝の散歩が、新鮮で楽しいことなのだと発見されるに違いない。生活の電力シフトを実行することによって、もっとゆったりした生活を送ることができるのではないだろうか。

（神戸新聞　2012年7月8日）

# 活断層

「断層」とは、地下の地層または岩盤に力が加わって割れ、割れた面に沿って土地がずれて食い違いが生じた状態をいう。兵庫県南部地震（阪神淡路大震災）が起こったとき、当時勤めていた大阪大学の豊中キャンパスに断層が生じた。物理学教室の建物の北側部分では断層を境にして東にずれ、南側部分は西にずれたために、あたかも土地を切り裂いたかのように行き違っているのが目撃された。地面にかかる力が水平方向に働いた場合に生じる典型的な横ずれ断層で、地震を起こした野島断層の延長上にあったらしい。

このように過去の比較的近い時代において、地中で地殻運動を起こした断層で、今もなお活動して動く可能性のある断層が地表に現れたものが「活断層」である。「活」断層という言葉から、いつでも「活」の状態にあって連続的に動いているように連想するが、実際にはある時間間隔を経て瞬間的に動き、他の期間は目立った活動をしないものが多い。

数ある断層で、今もなお地殻運動を起こし得ると見なせて「活」断層と判断するためには、それが動いた最も過去の時点をいつごろであるか推定しなければならない。つまり、ある基準とする時点より以後の新しい時代に動いたことが確かなら「活」断層、その時点からもはや動いていないことが明らかなのは不活性断層と分類するのである。いったん断層ができると土地の亀裂は簡単には消えないから、「活」か「不活」かの区分を一番最近に動いた時点で決めているのだ。

もっとも、この基準の時点をいつに取るかについて不定性があって議論されているが、数十万年前とするのが妥当なようである（原子力規制委員会は四十万年前にしようとしている）。それより新しい時代に動いた痕跡があるなら、まだ「活」の状態にあると判断するのである。意外に古いことがわかる。もっとも地球の長い歴史から考えれば、ごく新しいのだが。

地震とは、単純に言えばさまざまな力を受けている地下の岩盤が破壊されることが引き金となって生じる。一度壊れた岩盤に不均衡な力がかかれば再度壊れやすいし、いったん土地が切れて断層ができるとそれに沿って地面の震動も伝わりやすいから、活断層が震源となったり、発生した地震エネルギーが伝わる通り道になったりする。つまり、活断層は地震の発生・伝播と強く関連しており、活断層の周辺部は地震の揺れが大きくなるのである。

従って、活断層の上に原発を建設することは禁じられており、その近くでも危険であることは容易に想像できる。原子力規制委員会の調査で、東通(ひがしどおり)原発の敷地内や敦賀原発2号機の原子炉建屋直下に活断層が存在すると推定されている。また、大飯原発3号機のタービン建屋直下には活断層である可能性が高い破砕帯(＝地層)が発見されている。関西電力は、これは局所的な地すべりのよるものであって活断層運動とは関係がないと主張しており、今のところ結論が出されていない。

確かに地層の年代が単純にずれている「不整合」という現象があり、活断層とこれとを明確に区別することは困難なのだが、「変動地形学」のような新しい研究手法が開発され成果を挙げている。変動地形学では、現在進行している地殻変動で作られた地形を分析して活断層を認定し、それを横切るようにトレンチ(溝)を掘削して断層の構造や活動履歴を詳細に追跡するという手法を採用しており、活断層かどうかの判断では信頼できる結果を出している。事実、中越沖地震以前において、柏崎刈羽原発の敷地内での断層を東京電力は活断層ではないとしていたのだが、地震発生後の地層の動きから変動地形学が主張していた通り活断層であると認められた。さらに、その研究から志賀原発や島根原発にも、敷地内に活断層が存在する可能性が高いとされている。日本には活断層が走っていない土地はないくらいなのである。

安全性に危惧が指摘される場合、それが現実に証明されていなくても実行しないという予防措置原則に則って、活断層と疑われる断層が近辺にある原発はとりあえず全て廃炉にすべきである。そうすると、日本では原発が建設できる場所はないことになってしまうのだが、それが現実であることは言うまでもない。

（京都新聞「現代のことば」２０１３年3月14日）

# 再生可能エネルギー

化石燃料（ウランを含む）は一回使ってしまえばもはや再利用はできないが、太陽光・太陽熱・風力・潮力・水力・バイオマス（主として植物資源）などのエネルギー源は太陽や地球や月が存続している限り何度でも使用可能である。そのため、これらを「再生可能（英語でリニューアブル）エネルギー」と呼ぶ。「自然エネルギー」という言い方もあるが、英語ではそう表現しないらしい。私は「地上資源エネルギー」と呼ぶこともある。化石燃料が地下資源であるのに対し、これらは地上に溢れているエネルギー資源であるからだ。

地下資源はいずれ枯渇するし（百年持たないのは確かである）、その廃棄物（燃焼時に発生する二酸化炭素や有毒ガス、あるいは核反応で生成された放射性廃棄物）で地球環境に大きな負荷を与え、人類の存続まで危うくしている。さらに、福島第一原発の事故に遭遇して、原発は安全でもクリーンでも安くもないことが明らかになった。そのことを考えれば、地球の持続可能性を目標とするなら、二十一世紀の遅くない時期には再生可能な地上資源エネルギーに切り換えねばならないことは明らかだろう。

再生可能エネルギーの長所は、その源である太陽が存在している限りは持続するから、ほぼ無限と言えるくらい資源が存在することであり、二酸化炭素や空気を汚染する有害ガスを放出しないから、環境への負荷が小さいということである。地下資源の短所が地上資源の長所となっているのだ。

しかし、誰もが知っているように大きな難点がある。化石燃料はいわばエネルギーの塊であり、比較的小さな設備でも高出力となるし、燃料を供給し続ける限り一定の安定した出力が得られるのに対し、地上資源はエネルギー密度が小さいため設備を大型化しなければならない（従って、費用が高くつく）こと、そして自然の変動（昼夜、晴雨、月齢、季節など）を受けるため安定性や信頼性に欠けるということである。実際、わが家の太陽光発電設備は屋根一杯に張り巡らせても出力は三kW程度だし、夜や雨の日は発電せず、パネルの設備費として二〇〇万円もの投資が必要であった。これらの困難を克服して再生可能エネルギー広く普及させるためには、さまざまなエネルギー源を組み合わせて一定の出力となるよう電気の融通をつける工夫（スマートグリッド）が必要であり、さらに電気代が少々高くなっても受け入れる度量がなくてはならない。

ドイツは二〇二二年までに原発を全廃することにし、再生可能エネルギーへの依存率を現在の17％から35％に引き上げるという野心的な計画を立てている。当面少しぐらい電気代が上がっても甘受し、未来のエネルギー源を確保しようというわけだ。実際、ドイツの平均家庭の電気代は月八〇〇〇円を超えている。ドイツは石炭（褐炭）を多く産出するから石炭火力が安くつくのだが、環境保全のことも考えて再生可能エネルギーへのシフトを意識的に行っているのである。

それに対して、日本では現在の再生可能エネルギー利用の割合は1・3％（大型水力発電は除く）でしかなく、国として積極的に増やそうという姿勢が見られない。やっと「再生可能エネルギー特別措置法」が国会を通って、再生可能エネルギーによる電力の全量・固定価格買い取り制度ができたのだが、国は一切身銭を切らず、その費用は全額電気料金への上乗せである。さらに、電力会社は安定供給に支障が出る場合や送電線網が満杯になれば接続を拒否できるという条項が入っている。自社の権益を失うことを恐れた電力会社の意向が優先されているのだ。噴飯ものは、原発の再稼働を見越して送電枠を確保しておくため、再生可能エネルギーのための送電枠を制限することを電力会社は企んでいることである。送電の権益を電力会社から取り上げなければ、再生可能エネルギーで発電しても輸送できないことになってしまう。

「日暮れて道遠し」の感がある。日本は再び周回遅れのランナーとなるのだろうか。

（京都新聞「現代のことば」２０１１年11月28日）

# 発送電分離

現代の日本において電力供給は、沖縄を含めて日本を十に分割し、各地域をそれぞれの大手電力会社が発電（の大部分）と送配電の双方を独占する体制となっている。それを止め、電力会社から送配電事業を切り離して自由化しようというのが「発送電分離」で、二〇二〇年に予定されている。再生可能エネルギーを発電する企業等にも送電網を公正に使えるようにして、料金やサービスの競争を促すことを狙いとしている。

実際、昨年（二〇一二年）七月から施行された「再生可能エネルギー特別措置法」でも、送電網を占有する電力会社は「電気の円滑な供給の確保に支障が生ずるおそれがあるとき」接続を拒否できる条項が入っている。電力会社は「支障が生ずるおそれ」という口実をつけて再生可能エネルギーの送電を断ることができるのである。事実、九州電力は太陽光発電の設備容量が予定を超えたとして、送電することを拒否するという事件があった。九電は原発による電力生産を確保しておくため再生可能エネルギーのための容量を小さく抑えているのである。このような事態を起こさないようにするためには送配電事業を電力会社から切り離して独立した会社とし、価格の交渉だけで誰もが電力線を利用できるようにしなければならない。それが発送電分離の狙いなのである。

そもそも電力会社の地域独占は、一九五一年のGHQ指令によって九つの電力会社へ分割する業界再編を行ったこと（沖縄は米軍統治下にあったので別扱い）に由来する。電力会社は決められた地域の電力の安定供給を保証するのと引き換えに発電・送配電の独占が認められ、必要経費すべてを積み上げてそれに利益率（およそ3％）を計上して電気料金を決定する総括原価方式が採用されたという経緯がある。

一九五〇年代は、まだ停電や電圧低下が多く発生した。戦後復興の電力の需要の伸びに供給が追いつかず、設備投資が十分ではなく、エネルギー資源の手当ても大変なため、電力不足が生じていたのだ。エネルギーは生産や生活の根幹をなすものだから、地域内の電力供給に責任を持たせる代わりに利益容認の料金決定方式は止むを得なかったのかもしれない。やがて、発電技術の進歩や国を挙げてのエネルギー資源の確保によって安定供給が満たされるようになり、電化製品の普及や生活環境の向上で需要も伸びたのだが、化石燃料の大量消費や原発の導入でそれを大きく上回る供給能力を備えるようになった。単純な経済の原則では供給が需要を上回れば価格は下がるはずだが、それは売買の自由が保証されている場合で、独占体制下では電気料金は下がらない。そして電力会社は多く発電して多く消費させれば儲けがいっそう増大する。総括原価方式によって費用をかければ、その分よけい利益が増すことになるからだ。まさに大量生産・大量消費社会を演出してきたのである。

日本の電力会社の高コスト体質や海外の電力料金との格差などが言われるようになってから、ようやく電力の卸や大口需要家への小売りができる発電事業の自由化が認められるようになったが、まだ数％でしかない。また送電網を握る電力会社に高い送電料金を払わねばならないことや家庭用の小口販売への自由化がなされていないことから、再生可能エネルギーが広がらない原因となっている。私たちは原発からの電気を拒否したくてもできないのである。

3・11の大震災で日本の電力体制の異常さが認識され、電気事業法の改正が動き出したのだが、電力会社の強い抵抗が予想されている。電力の完全自由化に向けての動きを注視し続けねばならない。

（京都新聞「現代のことば」2013年5月13日）

追記　家庭用小口販売の自由化は二〇一六年四月から実施され、徐々に広がっている。しかし、送電網はまだ電力会社が所有しており、さまざまな電源のエネルギーを混ぜることになるから、再生可能エネルギーのみの電力供給ということになっていない。発送電分離が行われると、再生可能エネルギーのみを扱う電力販売会社も出現することが期待できる。しかし、心配なのは、発送電分離において既存の電力会社が子会社や同族会社によって送電会社を配下におくようになると、原発からの送電を優先し、これまでとあまり変わらないままになってしまう可能性がある。あるいは、送電費用を高いままに据え置いて、再生可能エネルギーの会社が参入しにくい状態を続ける可能性もあることが心配される。また国（経産省）は、東電の後始末や原発の廃炉費用などを託送料金（送電料）に上乗せすることを狙っている。そのため託送料金は原価総括方式（コストをすべて足し上げて、それに利益率を上乗せして料金を決める方式）にすることを予定している。まだまだ電力の真の自由化はほど遠いと言わざるを得ない。

二〇一八年九月に地震が起こり、北海道電力の発電が一週間も途絶するという事件（ブラックアウト）になった。電力会社は、電気の安定供給と引き換えに地域独占となり、総括原価方式が認められている。従って、ブラックアウトを引き起こした北電は、停電によって生じた損害を補償しなければならないのではないか。

# 原発震災

二〇〇七年の中越沖地震で柏崎刈羽原発が大きな被害を受けたことを踏まえて、神戸大学名誉教授の石橋克彦氏が提唱された言葉で、地震（や津波）による震災と原発事故が同時的に起こる危険性を指摘したものである。まさに石橋氏が恐れていた通りのことが福島第一原子力発電所で起こり、その炯眼（けいがん）を高く評価しなければならない。もっとも、以前から地震や津波に原発が耐えられるかについての議論は国会でもなされ、東京電力の津波対策の甘さも指摘されていたから、その予感があったのも事実である。だから、今回の福島原発の過酷事故は、単なる震災（天災）ではなく、人間が災害に関与していたという意味で人災であったと言わざるを得ない。当事者が「原発震災」という言葉が真に意味することについての想像力が不足しており、安全対策をおざなりにしてきたことは明白であるからだ。「天災が引き金を引き、人災が災害を拡大させる」のである。

天災はいつやってくるかわからないし、人間の力では押しとどめようがない。そこはきり人間の無力さを認める必要がある。であるなら、被害を最小に済ませる知恵を絞り出すしかない。地震に対しては家屋を耐震設計とし、津波に対してはひたすら高台に逃げることである。それでも、直下型地震の場合では耐震設計としているわが家が保つかどうか心もとなく、思いのほか来襲する津波が大きいかもしれない。だから不安感を持ってしまうが、地震の強度や津波の高さ・到達時刻の情報伝達は、今や瞬時と言っていいほど整備されているから、問題はその情報が正確で迅速、かつ人々を正しく導けるかである。つまり、工夫と努力次第で精度を上げることは可能なのだが、実際にそれが公開され、有効な情報として活かして救命に役立てられるかどうかだろう。命さえ無事であれば、地震や津波で破壊された家屋や生産現場を復旧することは、政府や自治体が援助体制を整え、柔軟な予算の融通・執行など現場に合った適切な対策が打たれれば比較的容易である。

しかし、そこに原発事故が重なってくるとコトは簡単ではない。今回、SPEEDIのデータは公表されず（米軍には提供された）、放射能の飛散状況が知らされないまま、ただひたすら逃げるように促され、そのため、かえって放射能で汚染された場所へ避難した人々も多くいた。情報を公開しなかった政府や東電の罪は重く、専門家も安全を言うばかりでかえって事態を悪くした。かれらには、国民は無知だから情報を開示するとパニックが起こってかえって混乱するとの傲慢な先入観があり、自分たちの意のままに国民を動かそうとしたのである。しかし、自分たち自身が情報を占有したまま活かし方を知らず、右往左往するばかりであった。

他方、原発震災に遭遇した人々は、放射能汚染によって住み慣れた土地を放棄せざるを得ず、津波で破壊された家屋の瓦礫（がれき）の処分先が決まらず、放射能の除染をしても部分的にしか進まない状態が長く続いている。その間、農産物・畜産物・魚介類の放射能汚染があり、それが一定の解決をみても風評被害が根強く残り、以前と同じ生活が取り戻せない状況が何年にもわたって継続する。震災に原発事故が重なり、放射能による汚染が困難を拡大する「原発震災」は、震災のみに閉じた天災とは質的に異なった多くの問題を引き起こすのである。

京都は若狭湾沿岸に建設された十三基もの原発に隣接している。もしそこに福島と同じような震災と原発の過酷事故が同時に起こったら、どのようなことになるのだろうか。まだ他人事だと思っておられる方も多いかもしれないが、ひょっとすると明日にでも「原発震災」が降りかかってきて、京都から脱出しなければならない事態だってあり得るのだ。千三百年の古都である京都は、長い歴史の間に大地震による震災（や大火災）に何度も襲われてきたのだが、これまで京都の地を捨てるという選択はなかった。震災だけであれば、苦難ではあるが、その土地での復興は可能なのである。しかし「原発震災」となれば、放射能にまみれた京都になってしまい、見捨てねばならなくなるかもしれないのだ。

別に脅かすつもりではなく、それほどの想像力を持って現状を考える必要があることを強調しておきたい。「原発震災」の四文字が意味する数多くの苦難を忘れてはならない。

（京都新聞「現代のことば」２０１２年3月26日）

# 発電単価

一ｋＷｈの電力を発電するためにかかる費用のことである。太陽光や風力や水力発電では装置の稼働のための燃料費や運転経費は原理的にはかからないので、初期にかかった設備投資額を設備容量に稼働率と稼働期間を掛けた量で割れば、とりあえずの発電単価が求められる。他方、火力発電や原発では初期の設備投資とともに、日々使う燃料代や装置を動かすための人件費なども大きく、必要経費として考慮せねばならない。何十年も稼動させるのだからそれらの価格が変動することも考慮する必要がある。むろん、使い終わった設備の廃棄のための費用は、どちらの場合も見積もらねばならない。

最大の問題は事故を起こして、周辺の人々や土地に被害を与えた場合の補償金や復旧のための費用をどう算定するかで、特に原発の過酷事故の場合は被害が甚大であるだけに簡単ではない。放射能汚染によって生じる健康被害や土地の放棄、避難や除染、失業や精神的苦痛など、長期に渡って被る損害は生半可ではないからだ。それを「情緒的」と言って切り捨てる論調もあるが、原発がなかった場合と事故を起こした場合との差額を発電単価に含めて比較するのが当然であろう。実際の計算でも、それらの総費用に事故確率をかけて発電単価に組み入れているのだが、ここで考えたいのは事故確率である。

日本では、ほぼ三十年の間に五十基の原発が稼動してきたから、三十年×五十基＝一五〇〇年・基が総稼動量ということになる。そのうちの三基が過酷事故を起こしたのだから、三で割った五百年に一回を事故確率とする計算になる。一基当たり五百年に一回というわけだ。かつて十万年に一回の事故確率とされていたのだから、ずいぶん現実的な値になったと言える。しかし、これに異論を差し挟む人もいて、事故の教訓を学んだのだから、今後の原発の事故率はもっと小さいと主張している。事故の詳細が明らかになっていないのに、事故の教訓が学べるのだろうか、そしてどれくらい事故確率は小さくなったのだろうか。

一基あたり五百年に一回の事故確率とすれば、原発は高々五十年程度しか保たないから、事故の確率はごく小さいと言っているように聞こえる。しかし、一基あたり五百年に一回過酷事故を起こすなら、五十基あれば十年に一回事故を起こすと言い換えることが可能である。一人の人間が二百年に一回しか起こさない交通事故（だから事実上個人としては交通事故を起こさないはずである）であっても、二百人の人間がいたら一年に一回は誰かが交通事故を起こすことになる（だから交通事故は無くならない）。単独の時間的確率を、多数の空間的確率に焼き直したものである。

日本には五十基の原発があるのだから、十年に一回は事故が起こるということになる。原発が本格的に稼動したこの三十年の間に三基事故を起こしていることからの結果である。原発は三基とか六基とかが集中立地しているから、ランダムに十年に一回ずつ事故が起こるのではなく、何十年かに一回、一気に三基とか五基に事故が起こるということになるだろう。

この数値を見れば、原発は恐ろしいことが実感できるのではないだろうか。今、世界では建設中も含めると五百基の原発が稼動する状況である。そのまま日本の事故確率を適用できるとするなら、一年に一回、世界のどこかで過酷事故が起こる計算になる。原発の事故は日常茶飯事になる可能性があるのだ。私はこれを思い過ごしだとは思っていない。

さて、緑豊かな地球のあちこちが放射能で汚染されることになるのだろうか。脱原発の道を世界の世論としなければならない。ましてや原発の輸出なんて論外なのである。

（京都新聞「現代のことば」２０１２年2月6日）

# クリフエッジ

菅直人首相が辞任する前の置き土産として、全ての原発にストレステスト（耐性試験）を課すことを決定した。それに応じて、北電は泊発電所の原発1、2号機についてのストレステスト結果を原子力安全・保安院に提出したのだが、原子力安全・保安院が廃止されることが決まり、替わって安全を厳格に審査・監督する（はずの）原子力規制委員会がストレステスト結果を評価することになった。原子力規制委員会が発足するのは九月の予定だから、泊原発の再稼働が可能になったとしても相当遅れる見込みである。私としては、このまま永久に停止することを望んでいる。そもそもストレステストが机上の防災訓練に過ぎず、それに合格したからといって安全性が完全に確保されたことにならないからだ。

ストレステストとは、システムに外部より負荷（ストレス）をかけたとき、どこまで正常に作動して耐えられるか、弱点はどこにあるかを調べる人工物のリスク管理手法（あるいは健全性試験）のことである。原発については、設計時の想定を超える地震や津波が発生したとき、どの程度の揺れで機器が壊れるか、電源喪失が起こった場合にどこまで外部からの支援無しで原子炉を冷却し続けられるか、などの項目についてどれくらい安全裕度（安全性が維持できる余裕の幅）が確保されているかをテストすることになっている。

そこに使われる概念として「クリフエッジ」がある。クリフは崖、エッジは端っこという意味だから「崖っぷち」、つまりこれを超えると崖から転げ落ちるように過酷事故が起こる限界点のことだ。地震の揺れなら、過去の記録や活断層の状況から基準地震動を決め（泊原発の場合550ガル）、その一・八六倍（1023ガル）をクリフエッジとする。これを超えれば原子炉や使用済み燃料ピットが損傷を受け破壊に至ることになる。実際の原子炉で実験するわけにはいかないからシミュレーションによって調べ、十分裕度があることを証明したというわけである。津波なら十五メートルの波高がクリフエッジで、防潮堤の高さや分電盤の位置がそれを上回る条件を満たしており、電源喪失事故なら代替電源等を使って外部からの支援無しで約二〇日間（これがクリフエッジ）持ちこたえられると見積もっている。

いかにも万全を期しているように見えるが問題が多い。それを二点ばかり指摘しておきたい。

まず、クリフエッジはあくまで想定値であるから、いわば人為的に設定した「願望値」に過ぎないことである（基準地震動だって活断層の評価が甘ければ小さい値に設定するから、信頼に足るかどうか疑問が残る)。想定以上のことが生じるのが自然の猛威なのだから、クリフエッジは可能な限り厳しい値を採用しなければならない。しかし、実際に原発の改修工事を行うとなれば工事の期間や費用も考えねばならず、それらとの妥協で願望値が決まっていると考えねばならない。だから、自然の猛威がクリフエッジを超えることは当然で、その時には崖から転げ落ちることを覚悟していなければならない。私たちは崖っぷちを歩かされているのである。

もう一つは、ストレステストは、本来一次評価と二次評価に分けて実施することになっているのだが、今行われているのは一次評価だけ、それでお茶を濁しているということだ。一次評価がクリフエッジへの裕度を調べるのに対し、二次評価はクリフエッジ以上のストレスをかけた場合に、実際にどう破壊されるかの事故シナリオを調べることを目的としている。この二次評価があって始めて、起こりうる事故の全体像が理解できることになる。欧米では二次評価まで行うのが通例となっているのに、日本では省略してしまっているのだ。

泊原発で言えば、活断層の再評価が厳密に行われねばならない。変形(変動)地形学の研究の進展によって、これまで見逃されていた(あるいは無視されていた)活断層の存在が指摘され、敦賀原発や大飯原発で問題とされるようになった。それによっては基準地震動の大きさが見直され、当然クリフエッジの値を上方へ修正することを余儀なくさせられている。これを見ても現在のクリフエッジが願望値に過ぎないことがわかる。私たちは「これ以下なら安全」だとの願望を組み合わせて原発を安全だと評価しているに過ぎないのである。それこそ新たな安全神話ではないだろうか。
危険な放射能を内部に抱え込む原発のクリフエッジは、本来は無限大でなければならない。それは不可能だと言われれば止めるしかない。それが当然の判断だと思うのだが、いかがだろうか。

（北海道新聞「各自核論」2012年8月31日）

追記　原子力規制員会が発足（二〇一二年九月）し、その委員会が決定した「実用発電用原子炉に係る新規制基準」が二〇一三年八月に出されて、それに従って「適合審査」を行うことになってストレステストとは言わなくなった。実質的にはストレステストで使われていた概念やチェック項目は新規制基準に移行されているが、「クリフエッジ」というような直観的に理解できる表現が使われなくなってしまったのは残念である。原発が持つ危険な側面の印象を薄めるためなのだろうか。
ヨーロッパではストレステストの言葉は今でも使われ、その内容も拡大・充実されている。例えば、核燃料が装填されて内部で核反応を起こしている圧力容器とそれを囲む形で冷却水がすぐに散布できる格納容器に加え、さらにそれらを包み込むコアキャッチャーを取り付けることが推奨されている。外部からジェット機が衝突しても原子炉本体が壊れないためのようであるが、そのためには原発の内部構造は大きく変化し、建設費用も一兆円を超すまでになっている。日本では、大幅な設計変更が必要であるとの理由からコアキャッチャーを取り付けることを条件として採用しておらず、やはり安全性への配慮はヨーロッパに比べて一段劣ると言わざるを得ない。

# 老朽原発の廃炉方針

やっと政府が原発の運転期間を「原則として四十年に制限する」ことを柱とする原子炉等規制法の改正案を法制化（二〇一二年十二月）する方針を発表した。以前から老朽原発の危険性が指摘されており、政府もそれに対応する姿勢を示したのである。二〇一二年の八月から施行される予定の再生可能エネルギー特別措置法と組み合わせれば、今年を脱原発に歩みだす初年とすることができるかもしれない。

しかしながら、これらの法律（案）では電力会社の意向を慮（おもんぱか）って例外規定が必ずついており、法の精神が空洞化される危険性があることを強調しておきたい。「原則として」という文言で、原則はそうなのだけれど、それから外れた場合も条件付きで例外として許容するということにするのだ。条件が甘ければ例外の方が多くなり、やがて現実的対応だとして原則そのものが有名無実になってしまう。「曖昧な日本」の御家芸である。

再生可能エネルギー特別措置法は、再生可能エネルギーによる電力の全量・固定価格買い取り制度なのだが、電力会社は安定供給に支障が出ると予想される場合や送電網が満杯になると予測される場合には接続を拒否できるという条項が入っている。これでは、現在と同じように電力会社の一方的な都合でせっかくの再生可能エネルギーが使えなくなる可能性がある。電力会社の情報の完全な公開と、現在議論になっている発電と送電の分離（例えば、全送電網の電力会社からの切り離し）を求め続けなければならない。

原子炉等規制法では、四十年以降の運転延長は施設の老朽化や原子力事業者の技術能力を審査した上で、「例外的に六十年まで」認められることになっている。審査基準次第では例外ばかりになり、法律の趣旨が活かされなくなるのは確実である。

原発の周辺機器の多くは新製品と交換できるが、心臓部といわれる圧力容器はコストを考えると事実上交換不可能である。ところが、圧力容器は高温・高圧の水蒸気に常に曝されている上に、絶えず中性子線の照射を受けて脆くなっており（「照射脆化」）、老朽化しておれば、緊急炉心冷却装置から冷却水が注入されたときの衝撃で破壊される危険性がある。

また、福島第一原発の1号機から5号機まではすべてマークI型と呼ばれる一世代前のタイプで、格納容器が脆弱で地震に弱いという欠陥を抱えている。さらに、古い基準で設計された原発は当初予想しなかった不具合があちこちに見つかっており、つぎはぎだらけの原発と言っても過言ではない。実際、今回の地震動で配管が損傷し、格納容器にひびが入ったのではないかと指摘する学者もいる。東電は「想定外」の津波が過酷事故を引き起こしたとのみ主張しているが、地震の揺れそのものが引き金となった可能性もあるのだ。

福島とは異なったタイプ（加圧水型）である美浜3号機の、死者まで出した蒸気噴出事故では、やはり老朽化による配管の減肉(げんにく)を放置していたことが原因であった。古い加圧水型原子炉のアキレス腱は蒸気発生器で、細管破損が相次いだため格納容器に穴を開けて交換するという荒療治すら行われている。このように老朽原発は数々の不安要素を抱えており、安全・安心を標榜するなら即時に「例外なく」廃炉にするような決断をすべきなのである。

原発を廃止すればただちに電力不足が起こると脅されているが、現在稼動している原発は五基のみであり、四月にはすべてが運転停止するのだが、火力発電のフル稼働と節電によって乗り切れる見込みである。さらに、比較的短時間で新設できる小型のガスタービンやディーゼル発電を増強すれば、電力需要のピーク時も問題なく過ごせるだろう。そのための燃料費の増加で電力料金の値上げが言われているが、私たちは値上げ分は節電で帳消しにすることにしよう。

曲がりなりにも政府が減原発の姿勢を見せたのだが、穴だらけと言うしかない。より厳密な規定として例外を許さないことこそが今後の重要な課題と言えよう。

（北海道新聞「各自核論」２０１２年2月3日）

追記

この文章を書いたのは二〇一二年で、老朽原発問題も再生可能エネルギー全量買い取り制度も、恐れていた通りに事態は進んでいる。実際、四十年を過ぎた原発の、さらに二十年運転延長を認める例外的延命措置を原子力規制委員会が次々と認めており（二〇一八年十二月現在で関電高浜1号機（42年）、2号機（41年）、美浜3号機（40年）、東海第二（40年））、例外ではなく通常になりそうである。この四基がバタバタと延長認可されたのは、時期を過ぎると延長願そのものが出せなくなるので急いで書類を準備したもので、規制委員会も懸案事項を後回しにして審査に応じたらしい。馴合いの審査である。

これら老朽原発の審査は、他の原発の再稼働の審査とは異なり、基本的には原発の改修予定計画だけを審査しているものだから、審査が甘くなる可能性があるのは否定できない。老朽原発が基準を満たすよう改修するためには二〇〇〇億円以上も必要とするから、合格するかどうかわからないまま改修工事を行う危険性（せっかく改修しても不合格になればかけた費用がムダになる）を避けるため、規制委員会の許可の下、工事前の段階で審査を受けているのである。従って、工事が完了した後にちゃんと計画通り工事されたかの審査を受けねばならない。しかし、今度はせっかく二〇〇〇億円もかけて改修したのだから、と甘い審査になる可能性がある。つまり、原子炉等規制法で老朽原発の延長を例外として認めたことは、最初から延長を例外でなく常態化することを前提としていたと考えざるを得ない。

# 原発立地自治体の苦渋

大飯原発の再稼動問題で、地元のおおい町および福井県では賛成が多数を占めるが、いざ過酷事故が起きた場合に放射能汚染が心配される周辺三十キロ圏（滋賀県と京都府の一部が含まれる）や百キロ圏（さらに大阪府や岐阜県が含まれる）では反対が過半数を上回っている。電力の供給側は再稼動を強く望み、需要側は再稼動に二の足を踏んでいる状態である。さて、この意見の乖離をどう考えるべきなのだろうか。そして、今後再稼働が議論される地域ではどのように事態は推移するのであろうか。

原発が立地している自治体は、いわば「原発城下町」である。電源開発交付金や原発施設の固定資産税が入ってくるから、自治体の予算はそれなりに豊かである。さらに、日常の点検業務や原発の定期点検には多くの作業員が雇用され、その宿泊や食事、日常品の購入や遊興施設の利用があって地元経済を支えてくれる。原発以外に頼るべき産業がないのだから、原発が停止してしまうと収入の道が閉ざされてしまうのだ。当然原発が従来通り稼動することを望むことになる。「脱原発で再生可能エネルギーへの転換」と言われても、それはずっと先のことで、とにかく明日の米を確保したいと思うのは当然といえば当然である。

しかし、ふっと不安がよぎるのではないか。もし、本当に大事故が起こって土地を離れなければならなくなったとき、果たして自分たちは避難先に受け入れてもらえるだろうか、と。「お前たちは、金欲しさで再稼動に賛成したのだから自業自得だ、自己責任で対処すればよい」と言われれば返す言葉がない。「日本の活力を維持するために原発の再稼動をすべきと思った」とは言えない。何しろ、原発が再稼働しなくても電力は足りており、また電力を需要する側の周辺自治体が反対しているのだから、その大義名分は通用しないからだ。まさに原発立地自治体は苦渋の選択を迫られることになる。

政府が国家を統治するのによく使う手法は、意図的に国民を分断することである。国論が分裂していることを口実にして、一方的な政策を貫徹することができるからだ。この場合、その政策に賛成している人間と反対している人間の頭数は問題にしない。ただ、賛成意見があるのだから、それに従ってこれを推進すると断言して押し通すのである。

さらに、少数の人間に被害(コスト)を押し付けて、多数の人間に安逸(ベネフィット)を保証するという手法が採られる。功利主義から言えば、それは最大多数の最大幸福だから文句はなかろうというわけだ。巨大ダムの建設も、水没する土地から出て行かざるを得ない少数の人間を犠牲にしても、水源としてあるいは洪水調節として機能してくれるダムは多数の人間の利益になる、という口実で推進されてきた。

原発の再稼動問題においても、以上の構図が展開されようとしているのは明らかだろう。

今大事なことは、原発立地自治体のみに判断を委ねず、広く周辺自治体にも意見を聞くことではないか。その際、原発立地自治体は、なぜ再稼動に賛成せざるを得ないかを語り、再稼動しない場合、生き残るためにどのような対策があるかを周辺自治体（のみならず全国）に問いかけることである。自分たちの一存で日本の将来を決めることになっていいのか、袋小路にある自分たちの生活をどうすれば立て直すことができるのか、それらを真摯に語ることによって共感を培（つちか）っていくのである。

他方、周辺自治体（のみならず全国）の人間は、とりあえず節電を励行して原発に頼らない生活を実践するとともに、原発立地自治体が原発に頼らないで済む方策を共に考えることが肝要である。再稼動反対を唱えるだけでは、辛い仕事は他人に押しつけて自分の手を汚さず、高みの見物をきめこむのと何ら変わらないからだ。そして政府に対し、電力事情の詳細な監査を要求し、小型発電のための緊急予算を求め、電力融通のための方策を電力会社に対し強く指導することである。立地自治体が苦しむ状況を軽減する動きとならねばならないのだ。

むろん、それは「言うは易く、行うのは難い」ことは明らかなのだが、そのような話し合いや行動を抜きにして対立を続けるのは何だか空しいと思ってしまう。実際に、一つでも原発立地自治体から脱原発の声が挙がることになれば、どれだけ原発再稼働を阻止する力となるだろうか。そして、どれだけ他の原発立地自治体を元気づけることになるだろうか。

私には、現在の政府は電力不足を煽って原発立地自治体に責任を押しつけ、スケープゴートに仕立て上げようとしているかに見える。それは原発立地自治体と周辺自治体（のみならず全国）との対立にしかならない。それが回避できるかどうかが、大げさに言えば日本の未来を決するのではないかと思っている。

（北海道新聞「各自核論」２０１２年5月18日）

追記　現在の取り決めでは、原発の再稼働には立地自治体の同意さえ得られればよく、実際にはその県の知事が同意することが必須の条件のようになっている。ところが、いざ原発事故が起こった場合、原発から五キロメートル内のＰＡＺ（予防的防護措置準備地域）では放射性物質が放出される前に予防的に避難をすべき地域なのだが、ＵＰＺ（緊急防護措置準備地域）とする五〜三十キロメートルの地域には予防的防護・屋内退避・避難・一時移転が定められており、ＰＡＺは立地自治体そのものだが、ＵＰＺは隣接する周辺自治体も含まれている。それにもかかわらずＵＰＺの自治体には同意が求められていないという問題点がある。さらに、福島事故で起ったように原発から五十キロメートルの地点までも放射能汚染が広がり、避難を余儀なくされた。要するに、周辺自治体は原発立地交付金など一切のメリットはなく、再稼働にも同意は求められないが、放射能汚染の被害は同じように受けることになる。

例えば、日本原電が所有する東海第二原子力発電所は、半径三十キロメートル内に九十六万人が住み、関係する市町村は十四を数え、その各々に避難計画を策定することが義務付けられているが、再稼働の同意は不必要とされている。しかし、それでは不十分であるとして、地元の茨城県と東海村に加え、水戸市・日立市・常陸太田市・那珂市・ひたちなか市の五市の同意を得るという「茨城方式」を採ることにしたと伝えられている。当然である。さて、どのように機能するだろうか？

しかし、立地自治体はいざ事故が起こった場合には大きな損害を被り、その土地に永久に戻れなくなる可能性が非常に高いというのに、なぜ原発の再稼働を願うのだろうか。いったん原発に依存する体制（体質）になってしまうと、原発抜きの生活設計を思い描くことができなくなるためと考えられる。心身とも、すっかり原発に慣らされてしまうのだ。その結果、事故が起こる可能性についてはいっさい考えず（考えることを拒否し）、ひたすら再稼働を念じるだけとなるのだろう。今更、後戻りできないとして。

# 原子力と宇宙の軍事利用

去る六月十五日（二〇一二年）に衆議院で、その五日後の二十日に参議院で、「原子力規制委員会設置法」が可決された。民間、国会、政府、その各々が設置した事故調査（検証）委員会が指摘したように、内閣府に置かれている原子力安全委員会と経済産業省に置かれている原子力安全・保安院による原発の安全性に関する審査・監督が甘く、それが福島原発の事故の原因の一つとなったことを考えてこれを廃止し、第三者機関として環境省に原子力規制委員会を設置することを目的としたものである。そもそも原子力利用を推進する立場の経済産業省に規制を行う安全・保安院が置かれていたことが間違いであったのだ。その意味では独立した機関として規制委員会を設けることは一歩前進なのだが、それに乗じて重大な文言が付け加えられたことに大きな危惧を感じている。

重大な文言とは、規制委員会法の第一条に「我が国の安全保障に資することを目的とする」と書かれたことであり、さらに附則の十二条において原子力基本法の第二条に項目2を付け加え、「我が国の安全保障に資することを目的とする」という改悪が行われたことである。原子力を、国家の安全保障のために役立てようというわけだ。

「安全保障」とは、「外国からの侵略に対して、国家および国民の安全を保障すること」で、通例「軍事的手段によって国家の安全を確保すること」を意味する。従って、わざわざ原子力規制委員会法に「安全保障に資する」と書かれたことは、日本が原子力(核兵器)によって武装することを規制の対象にはしないということになる。

しかし、それだけだと原子力基本法が掲げる自主・民主・公開の「原子力三原則」と抵触する可能性がある。原子力の軍事開発は三原則と真っ向から矛盾するからだ。そこで姑息(こそく)にも、原子力基本法そのものに「安全保障に資する」という文言を附則として付け加えることにしたのだろう。法律の素人から見れば、憲法――基本法――個別法という上位から下位への法体系があり、下位の個別法によって上位の基本法を修正する(その精神をねじ曲げる)ということができるのが不思議なのだが、それは往々にしてあるらしい。法は後付けによってどんどん変えられていくものだということがよくわかる。

原子力三原則は一九五四年の学術会議総会で決議されたもので、一切の情報の公開とともに民主的で自主的な運営によってこそ、原子力研究の自由と技術の発展、そして国民の福祉を増進させることが可能になる、との精神が込められていた。「これらの原則が守られる条件の下でのみ、わが国の原子力研究が始められなければならぬ」としたのである。しかし、アメリカの技術の直輸入、数々の事故隠し、原子力ムラの暗躍にあるように、原子力三原則が満たされないまま原発の開発に突き進んできたことは周知の通りである。

その原因は、一九五五年に成立した原子力基本法において三原則を謳ってはいるが、それと矛盾した政府見解が出されていたことにある。「民主の原則とは国会で承認された原子力委員会が研究開発を指導することであって、個々の機関はそれに従った方針と規律に従うことである。自主の原則とは国会の討議により決定されることであって、個々の研究者の工夫や創意が活かされることではない。公開の原則は成果の公開であって一切の公開ではない」と表明したのだ。明らかに学術会議の決議とは異なっていたことを忘れるべきではない。

ともあれ、私たちは原子力基本法に掲げられている三原則を根拠として、電力会社が情報を公開するよう求めてきたし、原子力施設の研究員の自由な研究発表を要求してきた。それによって、曲がりなりにも三原則の精神（の一部）は機能してきたのである。しかし、今回の改悪によって、「安全保障と抵触する」と判断されれば、それすらも拒否できることになってしまう。原子力の開発は、もはや研究者の手から離れて商業論理に圧倒され、そして今や軍事化に関係するという事態へと変遷しつつあるということなのだ。

実は、宇宙基本法（二〇〇八年成立）において「安全保障に資する」という文言が既に使われており、これに応じるかのように、今国会において個別法である宇宙航空研究開発機構（ＪＡＸＡ）法の「平和目的に限る」という言葉が抹消された。宇宙においてミサイルや偵察衛星で国を守ることを宣言したのも同然である。このような変化について、宇宙開発が「非軍事」から「非侵略」に変わったとマスコミは評したのだが、要するに、宇宙の軍事力を十分に増強したので非軍事の国とはとても言えなくなったのだが、これによって侵略をする意図はないとしておこうという意味らしい。

「安全保障」という言葉を掲げれば、何となく納得してしまって、何ごともフリーパスにする雰囲気になっている。「外国の侵略から国を守る」という意識が刷り込まれているためだろう。しかし、安全保障には「人間の安全保障」と呼ぶ、個々の人間が恐怖と欠乏から自由になり、人間性がより大きく展開してゆくためのさまざまな措置を意味する言葉もある。軍事的安全保障とは対極的な思想と言える。

今の日本では、「安全保障に資する」とは国家の軍事力を高めることを意味し、日本がさらなる軍事国家となることを意味する。原子力（核）と宇宙（ミサイル）、いわば最先端の科学技術が軍事に動員されることになる。それでよいのだろうか。

（北海道新聞「各自核論」２０１２年12月７日）

追記　宇宙基本法と原子力基本法の双方に「安全保障に資する」という文言が書き加えられたことに

より、ミサイルを搭載（宇宙基本法）した核兵器開発（原子力基本法）の道が拓かれたことになる。むろん、すぐにその方向に進むとは思えないが、いずれ核ミサイルを抑止力として装備するという軍事国家への仲間入りを目指していることは確かである。何とかその歯止めとなっているのは憲法九条であり、それが改憲されると日本はタガが外れたように軍事大国になっていくのではないかと強く危惧している。政府はそのための準備を着々と進めているからである。

# 原発再稼動を巡る国民的議論

歴史的な参議院選挙が終わり、自民党の一人勝ちに終わった（二〇一三年）。その結果、何事もなければ安倍政権が三年も続くという観測が強くなっている。しかし、事と次第によっては、またもや一年で首相が交代する可能性もあることを私たちは肝に銘じておく必要がある。この半年の間に安倍首相が決断を迫られる重要課題は消費税増税・原発再稼動・TPP交渉・集団的自衛権容認と目白押しであり、いずれも国民世論には多数の反対意見があることは明白で、運動次第では首相の進退まで追い詰めることができるかもしれないからだ。

消費税増税を強行すればアベノミクスと称する経済政策は簡単に吹き飛んでしまうだろう。六十人の有識者を招いての意見聴取がガス抜きに過ぎないことは誰だって見抜いており、反対運動の盛り上がり次第では先送りにする可能性もある。

これに対し、原発再稼働問題は国民的大議論になって日本の将来を決する大問題へと発展するのではないだろうか。原子力規制委員会に出されている泊原発1~3号機を始めとする十二基の原発の再稼働申請への諾否が出るのは半年先である。他方、大飯原発3号機は九月二日に定期点検に入り、4号機も九月十五日から定期点検の予定で、それ以後の(少なくとも)半年間すべての原発が停止状態になる。ここにおいて、脱原発・再稼動反対の世論と政府与党の原発推進路線が激しくせめぎ合う事態が生じることは確実と思われる。その渦中にあって原子力規制委員会はどのような判断をするのだろうか。そして、その判断は政治にどう跳ね返るのであろうか。

と言いつつ、規制委員会は自らが出した新しい規制基準に基づいて安全性に関する評価を行うはずなのだが、果たして厳正かつ公正な判断を下せるかどうか、心許ないところもある。福島原発事故の原因の一つとして国会事故調査委員会が指摘した、「規制する側が規制される側の虜（とりこ）となっている」側面が、現在の段階において既に散見されるからだ。規制委員会が、加圧水型であることを理由にしてフィルター付きベント設置を五年間猶予し、免震重要棟の完成繰り延べや防潮堤の工事の遅れを承認するなど、電力会社の要望を次々と受け入れているからだ。また泊原発1号機、2号機についての解析結果は3号機のものを流用していたことが判明したように、安全審査を甘く見る電力会社の体質も変わっていない。福島原発事故の原因がまだ解明されていないにもかかわらず、このような馴れ合いの状況が続いているようでは前途は危ういと言わなければならない。

再稼働反対の強い世論が続かなければ、規制委員会は申請中の数基に対し規制基準適合（再稼働許可）を出す可能性が高い。政府筋が規制委員会に対し再稼動への圧力をかけるのは確実で、委員会委員五名のうち三名まで原子力ムラの関係者を送り込んでいるのが効くだろうからだ。いったん再稼動を認めると歯止め無く拡大していくことは目に見えている。

万一にも規制委員会がすべての原発の再稼働を拒否した場合、政府与党は委員会が偏向しているとのレッテルを貼って集中攻撃し、委員の交代を強要して委員会の空洞化を図る策に出るだろう。そして、原子力ムラの人間ばかりで新たに委員会を組織し直し、再稼動を実行する体制に組み替えるかもしれない。

いずれにしろ、脱原発・再稼働反対の国民の声が政治を先導しなければ、原発推進路線が罷り通るような事態になることは確実であると思われる。この半年間の脱原発の世論の大きさが鍵となるのだ。

ＴＰＰ交渉にしても集団的自衛権にしても、同じような構図が見えてくる。多くの反対意見はあるのだが、それがバラバラのままで大きく結集しそうにないと見れば、多数の力で押し切るというのが安倍政権の筋書きと思われる。その最初の試金石が原発の再稼働問題というわけだ。

ともあれ、この秋からの政治動向は安倍政権が一年で終わるのか三年も続くのかの正念場になることは必至だろう。

（北海道新聞「各自核論」2013年9月6日）

追記　この文章で、私は安倍内閣が長続きしないかもしれないとの甘い観測をしていたことを恥じなければならない。二〇一三年七月の参議院選挙で大勝した安倍首相は、二〇一四年十二月に衆議院を解散して選挙に再び大勝利した。その結果として、特定秘密保護法も、集団的自衛権の行使も、安全保障法制度（戦争法）も、TPPに関わる法制も、共謀罪もと、次々と悪法を強行してきた。これに対し、消費税の10％引き上げは先延ばしにし、防衛費や公共事業費は増額して、国家の借金体質はますます深刻になっているが、ほとんどそんなことを気にしていないようである。原発の再稼働はもとより、軍国主義化とファシズム体制を強化していく状況は、未来に対して大きな禍根を残すことになると強く懸念される。

再生可能エネルギーの普及が進み、節電も国民の体質になっているから、原発はなくても暮らしていける条件は整っているのだが、他方では再稼働する原発が徐々に増えていく趨勢にある。とはいえ、再稼動が一方的に進んでいるわけでもない。脱原発の国民の声は依然として強く、厳しい監視の下で規制委員会も容易に「適合」が出せない状況が続いているからだ。当分、このせめぎ合いが続けば、世界の動きを反映して日本も脱原発に向かう可能性がある。今、正念場なのである。再度大事故が起こらないと日本人は目覚めないのだろうか。

# Ⅲ

# 脱原発への道

# 未曾有の天災と人災

三月十一日午後二時四十六分、東京都心で会議を行っていた私たちは、一分以上も続く大揺れに突然襲われ、慌てて建物の外に出た。うち続く余震で足元がふらふらであった。スマホを持っている知人からの情報によれば、震源地は三陸沖、マグニチュードは7・9であった（その後、マグニチュードは9・0に引き上げられた）。東京でこれだけ揺れたのだから、東北地方は壊滅的な被害を受けたのではないかと心配であった。海岸縁に住んだことがない私は、大津波が海岸線を、それも短時間のうちに次々と襲っていったとは夢にも思わなかった。一万人以上が波にさらわれて犠牲になったというのに。

鉄道網はいっさい止まり、バスは超満員、タクシーは渋滞で動かない。私が住む逗子まで都心から約七十キロメートルでとても帰り着けないとは思ったものの、とにかく西の方向へと脱出することにした。余震によってビルが崩壊する恐れがあり、そのまま都心に居てそれに巻き込まれることを警戒したのだ。まさに帰宅難民になってしまった。約二十キロメートル歩き、幸い溝の口（横浜市高津区）でバスに乗ることができて新横浜に着き、動いていた新幹線に飛び乗って京都に逃げ帰った。被災された方々に申し訳ないと思いつつ。

七十七年前、寺田寅彦は「天災と国防」という文章（『寺田寅彦全集第七巻』所収、岩波書店）で、「文明が進めば進むほど天然の暴威による災害がその激烈の度を増す」と書いている。科学・技術の進展によって、社会構造が一様化し集約化されるから、ひとたび天災によって一部でも破壊されると全体に被害が及んで災害が拡大することを見抜いていたのだ。その背景には、続けて寺田が「文明が進むに従って人間は次第に自然を征服しようという野心を生じた」と書いているように、科学・技術の力を過信した人間が自然を凌駕したと思い込んできたこともある。

今回の原発事故は、産業構造を大型化・集中化・一様化とする道を突っ走ってきた人災の要素が大きい。地震が頻発し、津波が多発する日本は「豆腐の上に立地する国」である。にもかかわらず、五十四基もの原発を海岸線沿いに建設してきた。危険な放射能を大量に抱え込む原発であれば、いかなる地震にも耐えられる設計でなければならず、それが不可能であれば建設すべきではなかったのである。さらに、緊急炉心冷却システム（ＥＣＣＳ）への外部電源が途断し、補助電源も動かなかったのは、システム設計の甘さを露呈しており、「想定外」という言い訳は通用しない。「安全神話ボケ」に陥っていたことは明らかで、「人災」という表現も言い過ぎではないだろう。その他、いろいろ言いたいことはあるが、紙面の都合でここでは省略する。

ただ、中越沖地震で柏崎刈羽原発が大きく損傷し、今回の地震で福島原発が壊滅状態になったことを思えば、全ての原発の運転をいったんストップして、耐震や外部電源の確保などシステム設計を根本的に見直すべきことを強調しておきたい。なかでも、東海地震の震源域に近い中部電力浜岡原発はただちに運転中止にして廃炉とする措置をとるべきではないか。電力不足になって産業や生活に支障が出ると懸念される人がおられるかもしれないが、ひとたび原発事故が起こってしまえばそれどころではないのである。

便利さと効率性をむやみに求め欲望過多になっている私たちは、日常生活を見直すことを通じても、東北地方の人々と苦難を分かち合わねばならないと思う。

（中日新聞「時のおもり」2011年4月13日）

# 浜岡原発の停止決定

菅直人首相の要請を受けて、中部電力は浜岡原発を停止することにした。津波対策が完成するまでの期間としていることは不満であるが、一歩前進ではある。浜岡原発が東海地震の予想震源地の上にあり、三十年以内に87％の地震発生確率で、それが年々上昇していくことを考えれば、いずれ無期限停止となる可能性があるからだ。

下司の勘繰りなのだが、私は中部電力の経営陣も菅首相の要請を内心では歓迎したのではないかと思っている。自ら浜岡原発の停止を言い出せば株主訴訟が起こされ、なぜそのような危険な場所に原発を林立させたかの責任が問われかねないからだ。むろん最初に立地を決めた一九七〇年代の段階では東海地震についての知見がなかったと言い訳するだろう。しかし、地震発生の危険性が言われるようになった一九九〇年代以後も見直さず、むしろ拡大増設路線をとってきたことの責任は明らかである。東京電力の右往左往ぶりを見ながら、いつ自分たちに降りかかってくるかと危惧しつつ、さりとて原発を止める決心もつかないまま、「自分の在任中には地震は起こらない」と自ら言い聞かせてきたのではないか。首相からの要請とあれば、株主を納得させやすいし、政府からの財政援助も期待できるだろうし、電気料金への転嫁も容易になるし。

もう一つの理由も考えられる。福島の原発事故において、津波による冠水で補助エンジンが動かなくなったと東電は発表しているが、地震によって引き起こされた大きな揺れで津波が来る前に機器・配管や圧力抑制室などの重要施設が損傷していた可能性があることだ。浜岡原発の場合、たとえマグニチュード8クラスであっても、近場で（あるいは直下型の）地震が起これば震度は大きなものになるから、福島原発の二の舞となることは避けられない。もしそうであるなら、いくら巨大な防潮堤を建設しても意味がない。浜岡原発がどれだけ耐震性を備えているのかを徹底検証しなければならない。それには停止は必然なのである。

浜岡が停止となれば、すぐに夏場の電力不足が云々されるが、私はこの際日本中で20%くらいの節電を行うべきだと考えている。国民全体が東北で被災された人々と苦難を共にするとともに、私たちのエネルギー使い過ぎの体質を考え直す好機にするという意味もある。今や一部屋に一台のクーラーが当たり前だが、二十年前は一家に一台であった。あの時代は貧しかったのだろうか。むしろ、家族が居間に揃ってクーラーの恩恵を受け、団欒（だんらん）の良い機会になっていたのではないか。私たちは、便利さと安逸さとを引き換えにして、危険な原発と共存することになってしまったのである。

それでは日本の経済は失速してしまうと懸念される人もおられるかもしれない。しかし、そろそろGDP信仰の成長路線から撤退すべきではないだろうか。私たちはつま先立ちで小走りに進むことばかりに懸命であった。しかし、永遠の成長はなく、どこかで打ち止めしなければならないのは確実である。その意味で、今日本は重大な選択期に遭遇している。危険と隣り合わせでなおかつ成長路線を追い求めるか、身の丈にあった経済規模を維持してそれに見合った慎ましい生活を送るか、である。

私は、浜岡原発の永久停止こそ、先見の明ある賢明な選択であったと子孫から言われると信じている。

（中日新聞「時のおもり」　2011年5月18日）

追記　浜岡原発の1号機、2号機は二〇〇九年から稼働を中止しており、正式に廃炉とすることを決定したが、残る3~5号機（いずれも一〇〇万kW以上）は再稼働を目指しており、海抜二十二メートル（地上高は十六メートル）の防潮壁を建設している。いかにも、外から見える防潮壁で安全性を確保しているかのようだが、これは津波対策であって、東海地震で起こる可能性があるのは直下型地震であり、その場合は原発そのものが損壊する危険性がある。

中部電力はその電力供給領域に山岳地帯が数多くあってたくさんの水力発電所を所有しており、東京電力や関西電力と比べて原発への依存率は小さい。従って、日本で最初の原発を全廃した電力会社となることが可能なのだが、なぜそのような路線を歩まないのか疑問である。現在の川勝平太静岡県知事も原発の再稼働には同意しておらず、浜岡原発は動かせないまま時間だけが過ぎていくことになるのではないか。

# 同調本能・同調圧力

人は社会的動物として進化した。一人ではできないことでも多数が力を合わせればできるようになる。敵に襲われても集団として戦えば生き残ることができる。そして、それぞれが分業をして持ち寄ればさまざまな産物を手に入れることができる。簡単に言えば、人は群れることで成功した動物であり、必然的に組織を構成する動物となったのだ。

その結果として個人と組織の相克が生じるのだが、組織を優先しがちになってしまう。みんながバラバラになれば集団としての力が発揮できないし、敵を追い払うこともできない。互いに助け合ってこそ大きな仕事につながるのだから、と勝手な行動を自粛する気になってしまうからだ。そのため、自分としては反対の気持ちを持っていたり、なぜ？ どうして？ それでいいの？ と疑問を感じたりすることもあるが言葉にしなくなる。足を引っ張ると非難されたくないからだ。そのまま、多くの人が揃って行動しているうちに、その目的や理由を考えることなく集団の動きに従うのが習い性になっていく。これを「同調本能」という。心理学では、知らず知らずのうちに他人と同調する無意識の力が働くので「同調性バイアス」と呼ぶらしい（組織や集団が及ぼす暗黙の「同調圧力」もある）。

二〇〇一年の9・11テロ事件の際、世界貿易センターのノースタワーに航空機が突入し、その十六分後にサウスタワーに二機目が突っ込んだ。このとき、サウスタワーの八八階と八九階で大きな差異が生じた。八八階で働いていた人は十六分の間に一人を除く全員が避難して助かったが、八九階の人は職場に留まったまま全員が死亡したのである（その一人とは、八八階から八九階に駆け上がって避難するよう説得に行って巻き添えになってしまった人である）。まだ事態の詳細がわからず咄嗟の判断をしなければならない状況で、おそらく八八階では誰かの「逃げろ」との叫び声に全員が同調して避難し、八九階では誰かが「このまま留まろう」と言ったために全員が同調して犠牲になったのだろう。個人が集団の動きに同調しようという無意識の行動が結果に大きな違いをもたらしたのである（シャンカール・ヴェダンタム著『隠れた脳』、インターシフト刊）。

このような非常事態だとやむを得ないと思うのだが、日常の事柄についても私たちは同調本能で生きていないかどうか検証する必要がある。原発の安全神話のことである。原発がいったん事故を起こしたときの恐ろしさをうすうす知りながら、政府も電力会社もマスコミも専門家もこぞって安全だと言うのだから、そして多くの人が何も言わないのだから、自分だけ敢えて異を唱えることもない、同調しておこうと。そして原発のことは考えなくなってしまったのだ。

確かに、みんなに同調しておけば責任を問われることもないし、自分としても気楽である。しかし、そのような態度が戦前の「神国日本」という神話を作り出し、原発の安全神話を生み出したと言えるのではないだろうか。今、「ＫＹ（空気が読めない）」を忌避する雰囲気があるが、こうなると同調圧力となってしまう。私はむしろＫＹを高く評価したい。人に厭がられようと、空気を読まずに疑問に思ったことは口に出して議論することこそ、同調本能に囚われない健全な生き方だと思うからだ。

（中日新聞「時のおもり」２０１１年12月21日）

## 李下に冠を正さず

原子力（安全）委員会の委員が、電力会社や電気事業連合会など原子力の推進を積極的に進めようとする業界から、多額の研究費や寄付金を得ていたことが報道されている。むろん原子力研究者ばかりでなく、例えば薬品に関する審査を行う薬事審議会やその専門部会に発令された医学者が薬品会社から旅費援助や接待を受けたり、寄付金をもらっていたりした例も数多くある。それらの学者たちは、おしなべて「研究費や寄付金をもらっていても、それに影響されず、公正な判断をしている」と言う。

しかし、果たしてそうなのだろうか。私たちは友人や知人から、何らかの贈り物をもらうと恐縮した気分になり、何かお返しをしなければと思ってしまう。もらったことに重荷を感じ、早くその重荷を解消したいと考えるからだ。年賀状を送らなかった人から賀状が届いたときですら、慌てて返事を出すではないか。

企業や団体からの献金も同じことで、受け取った学者は金銭を送る側の意図を忖度して、何らかの見返りをしたいと思っていることは確かである。といって、余りに見え透いて業界の肩を持つわけにはいかないから、審議会では官僚の作文の細かな言葉遣いにこだわって文句はつける。しかし、大筋では業界の思い通りに答申されていることを確認して、それを承認することで審議を尽くしたことにするのである。業界は審議会がそのような馴合いの儀式となっていると知っているからこそ、儀式に参加する学者に献金するのである。

つまり、これらの学者の目線はスポンサーの方を向いており、その偏った判断によって大きな影響を受ける市民は眼中にはないのだ。そのことを十分知り尽くした私たちは、このような学者から公正な判断を期待することができないと思っている。かれらは「そんなことはなく公正に判断した」と言うだろうが、私たちは業界から金を得ている学者を、疑惑の眼差しで見ているのは事実である。

かつて「構造薬害」という言葉が使われた。官僚に取り入って自分たちの利益の後押しをさせようとする製薬業界、企業から献金を受けて形式的な判断しかしない医・薬の学者、そのような学者を審議会委員に選出する厚生官僚と、産官学が見事に癒着しての薬事行政で、まさに数々の薬害が引き起こされたのが構造的であるためだ。水俣病のような一大公害事件もそうであった。現在は、それほど露骨ではなくなったように見えるが、今もなお産官学の連携プレーが行われていることは確実だろう。全く同様に、電力業界と原子力の学者と経産省の官僚とが、鉄の三角形を組んで構成する「原子力ムラ」は依然として鉄壁で、原発を存続させようと画策している。

　買収をする魂胆は明らかなのだが、業界からの学者への研究費や寄付金を形式的には禁止することはできない。研究をより推進するためという口実が成り立つためである。それなら、いったん第三者機関が一括して金を預かり、賛成派も反対派も含めた学者全体にオープンに分配をすればいいのだが、それでは業界はメリットがなくなるから、そのような形では金を出さなくなるだろう。その替わりに闇献金が横行しそうで、政治資金規正法ならぬ研究資金規正法を作らねばならなくなるかもしれない

　現在成しうることは、学者が業界から金をもらった実績を公表し、官僚はそのような学者を役職に選出しないという方策である。寄付金を公表していない大学もあるし、プライバシーだとして公開を拒否する学者もいるから簡単ではないが、金をもらった実績があると判明したら直ちに委員を罷免（ひめん）することだ。「李下に冠を正さず」で、疑いを持たれるような行為を避けるのがせめてもの識者の良心であったことを思い出そう。学者の倫理が問われているのである。そのことを頭に置いて私たちも学者の行動を注視し続けねばならない。

（中日新聞「時のおもり」２０１２年３月14日）

## 追記

官僚（公務員）や公人（政府の審議会委員など）は公平公正でなければならず、「李下に冠を正さず」とか「瓜田(かでん)に履(くつ)を納れず」というような、世間の疑いを招くような行為は避けるべきという昔からの教訓は、現在ではもはや生きなくなっているようだ。財務官僚が首相の意向を忖度して首相の親友に便宜を図る行為はまさに「李下の冠」なのだが、そんなことは一切ないと居直り、後は知らぬ存ぜぬで押し通す姿を見ると、疑われるような行動をしたことに対する反省は何もなく、疑う人間こそ不埒であると言いたげである。また、原子力ムラの学者のみならず、薬の治験(ちけん)を行う医学者や大学の入学試験の採点を行う学者が薬品会社や大学当局の思惑を汲んで結果に手心を加える姿を見ると、学者の矜持はどこに行ったのかと思ってしまう。疑いを招かないどころか、堂々と悪に加担しているからだ。その意味で、私のような古めかしい教訓や倫理を大切にする学者は、もはや無用なのかもしれない。

# まだ誰も亡くなっていない

二〇三〇年の原発への依存率を、0％、15％、20〜25％の三つの選択肢を出して、意見聴取会（およびパブリックコメントの募集）が行われている。意見聴取会は、原発や原子力施設の集中立地県である福井や青森が省かれていることや、単なる意見の聴取であって生産的な議論の場ではないこと、電力会社の人間が個人の意見ではなく会社の意見を代弁して述べていることなど、果たして「国民的議論」となるのかどうか疑わしく茶番劇である可能性が高い。

しかし、そのなかで注目すべき意見陳述があった。電力会社の人間が「原発事故による直接の放射能汚染で誰も亡くなっていない」との意見である。むろん、その後ろに「だからたいしたことはない」と続けたいのだが、不謹慎と言われることを警戒して、ここで言葉を切っているのだ。いくつかの講演会で脱原発を主張する私に対してぶつけられる意見と同じである。どうやら、原発を推進したい人たちの共通感覚であるらしい。

この意見に対し私が持った嫌悪感はいくつかある。一つは、自分は安全な場所にいて高見の見物をきめ込み、苦難を背負う人々の辛さや不安感について全く鈍感であるということだ。十数万人という人々が放射線被曝したのではないかと怯え、そのストレスが何十年と続くのである。土地を放棄して長年帰宅できない人々も多数おられる。そのような被害を与えてきたことは人を殺すことと匹敵する。電力会社の人間が言うことだろうか。

二つ目は、そもそも原発事故で直接死者が出るのはむしろ稀で、多数の放射線被曝の被害者が出るのが原発事故の本質という点である。チェルノブイリ原発事故で数十人の人が亡くなったが、その原因は放射能の危険性を知らされないまま、通常の火事と同じだと思って現場に飛び込んで行った消防士や防災作業員が多くいたためであった。放射能汚染を警戒しての原発事故対応をしているなら、直接の死者は出ないのが普通なのだ。だから、「まだ誰も亡くなっていない」のは当然で、電力会社の人間のクセに原発事故の本質を知らないのである。

三つ目は、人が死ななければ学ばないのか、という点である。薬害にしろ、公害にしろ、日本では犠牲者が出なければ本格的な対処をしない歴史が続いてきた。しかし、人が死んでからでは手遅れなのである。「今回は幸いにして、直接人を殺すことにはならなかったが、そういうことは決してあってはならないことなので、原発の運転を中止する」、それが本来とるべき態度なのではないか。

これと同類の意見を聞くこともある。「交通事故で一年に三五〇〇人以上の人間が亡くなっているが、車の使用を禁じることにはなっていない」というものだ（「ましてや、まだ誰も死んでいないのだから原発だけを悪者にするのは不公平だ」と続けたいのだが、通常はそこまで言わない）。狂牛病（正確には、牛スポンジ状脳症）のとき、アメリカの農務長官が交通事故を引き合いに出したことが思い出される。「リスク評価では、交通事故に比べれば狂牛病でクロイツェル・ヤコブ病を発症する確率は圧倒的に小さい、何を騒ぐのか」というわけである。

交通事故と原発事故との本質的な違いがある。車を運転する者は意識しているかどうかは別として、加害者にも被害者にもなり得ることを個人として覚悟しているのに対し、原発事故は（狂牛病も）一方的に被害を押しつけられることにある。飯舘村の人々に見るように、地道で自律的な暮らしが突如他律的に破られ、土地を放棄しなければならなくなったのである。これほど理不尽なことがあるだろうか。

むろん、酔っぱらい運転や居眠り運転で歩行者を死亡させるという言語道断な事故があり、人を殺してもその罰則が軽いことは不条理であるから交通事故を許容するわけではない（だから私は運転免許を持っていない）。車に大きく依存しない社会にしなければならないと思う。だからといって、交通事故と原発事故を同一視すべきではないのである。

本当の安全・安心社会とは何なのか、考えてみる価値があるのではないだろうか。

（中日新聞「時のおもり」2012年8月8日）

追記

人が死なないと大事件にならないし、行政も取り上げない。一般に誰も死ななければ、何も問題にする必要はないと考えがちである。とはいえ、それによって追い詰められて自殺に追いやられたりすると、ようやく問題にされる。過労死問題や子どものいじめ問題などがそうだろう。死が関与するからだ。

放射線被曝の場合、精神的にも肉体的にも一生の間苦しめられるのだが、直接それが原因だと明確に因果関係が証明できないことが多く、いくら放射線が原因だと主張しても、「誰も亡くなっていないではないか」と言い返され、放っておかれて問題にされない。放射線被曝問題の理不尽さはここにある。特に、被曝労働のように、個人が告発する場合はこの類の困難が大きく、労災認定も容易ではない（そもそも当人が亡くなってしまうと告発も困難になる）。

原発事故で多くの人間が被曝したというようなケースについては、行政や電力会社もしぶしぶ認めざるを得ないのだが、なるべく値切ろうとする。そして、被曝放射線の限度量を都合よく解釈し直して、問題はないということにしてしまう。誰かが放射線障害で亡くなったとしても、直接的証拠がないことを理由にしてその責任を認めない。そして「誰も亡くなっていない」と嘯くのである。

## ドイツの挑戦と困難

去る八月三十、三十一日（二〇一二年）の両日にわたって、国際シンポジウム「福島原発で何が起きたか――安全神話の崩壊――」が開催された。政府、国会、民間の事故調査委員会の委員である方々の報告も含めて、事故の真相や放射能汚染の実態など断片的に伝えられてきた事実を整理することができて実に有益であった。

その中で、ドイツの「安全なエネルギー供給に関わる倫理委員会」の委員に任命されたベルリン自由大学教授のミランダ・シュラーズさんの報告に多くのことを教えられた。なぜ福島原発事故を受けてドイツは即座に八基の原発を廃炉とし、二〇二二年までに原発を全廃する方針を採ることができたのか、実際に脱原発政策を進めていく上での困難は何か、などについて知ることができたからだ。

まず、ドイツでは一九八〇年代から地球温暖化防止のための施策が国民の合意となっており、どの党派も積極的に取り組んでいたこと（エコノミーよりエコロジー）を挙げねばならない。ドイツ国内で多く産出する褐炭や石炭による火力発電を極力減らし、再生可能なエネルギー源への転換を促進してきたのである。そこに環境保護を旗印にした緑の党が生まれ、支持を増やして国会に議席を獲得し、シュレーダーが率いる社会民主党の政権に参加して影響を及ぼすまでになった。

第二は、一九九八年にEUの電力自由化指令を受け入れ、日本と同じ地域独占の電力会社から発電・送電・売電の会社に分割したことである。そして、それを足場として二〇〇〇年には再生可能エネルギーの長期間固定価格買取法を成立させたことにより、再生可能エネルギーが現在の総電力需要の17％を占めるまでになった。二〇二二年には35％にまで引き上げるとメルケル首相は約束している。このように脱原発の道を着々と歩んでいるのだが、いくつかの困難を抱えているのも事実である。

一つは、高く設定した買取価格と電力価格との差額は、電力料金に上乗せして消費者より徴収し事業者に助成金として支払うのだが、これが年々増加していることだ。これによって再生可能エネルギーを増やせば増やすほど電力料金が高くなる。緯度の高いドイツでは太陽光発電は不利なのだが、高い買取価格のために急拡大している。果たしてそれでよいのかどうか、議論の真最中である。

もう一つは、再生可能エネルギーの欠点ともいうべき適地と安定性の問題がある。風力発電は北部に偏り電力使用は南部に多いから、高圧電線を何千キロにもわたって引かねばならず、その費用負担と建設予定地の反対があって進まないのだ。また、風力や太陽光は不安定だから、供給不足の場合に備えてバックアップ電源を確保しておかねばならず、逆に供給過剰になる場合の送電拒否の対策を考えねばならない。これらは小手先で解決できない難題である。しかし、経済的理由よりエコロジーを最優先しようという点での国民的合意があるドイツは、なんとか切り抜けていくのではないかと思う。

これらの困難は再生可能エネルギーの割合が20％を越す状況であればこそ生じているものである。すぐにドイツの困難を言い立てて、日本は無理であると難じる人がいるが、まだ1％の日本に適用できるわけはない。日本ではやっと固定価格買取制度が始まったところで、ドイツより十年以上遅れている。何より、脱原発のためには経済優先の発想（エコロジーよりエコノミー）から脱却しなければならないのだが、そもそもそれがクリアできるのだろうか。それこそが問題なのである。

（中日新聞「時のおもり」２０１２年9月2日）

追記　原発の廃止に関してのドイツの動きは、「どうせ無理だから、そのうちに白旗を挙げるさ」との冷めた目で見ている原発推進派も、「先進的なドイツの進め方を学ばなくちゃ」と称賛・憧れの目で見ている脱原発派のいずれも、固唾を呑んで見守っているのが実情だろう。また、ドイツは原発依存のフランスから電力を融通してもらっており、言ってることとしていることが矛盾している、というようなヨーロッパ大陸の電力事情を知らないで文句を言っている人もいる。地続きのヨーロッパでは、時間とともに各国の電力利用量が変化しているから国境を越えて電力を融通し合うのが普通であり、ドイツはフランスから受電する時間帯があれば、フランスに送電する時間帯もあるのである。そして、トータルとしてフランスの電力に依存していないことがわかっている。

いずれにせよ、ドイツ国内のエネルギー事情についての現状を知っておく必要があり、ドイツの実情を報告した本やドイツの政策決定に参加した当事者の考えを聞くのが大事だと思う。そして、ドイツはすべて順風満帆で進んでいるわけでなく、いくつかの困難を抱えての行動方針であり、それをいかに乗り越えようとしているかについて理解しておくべきだろう。日本にも共通の問題点が多々あると思うからだ。

# 原子力規制委員会をどう考えるか

原子力施設の規制や監視に関して、原子力安全委員会（内閣府）や原子力安全・保安院（経済産業省）が何らの機能を発揮せず、むしろ設置者の言いなりになって安全対策の手抜きを容認してきたことの反省から、環境省の外局として原子力規制委員会が「三条委員会」と呼ばれる内閣からの独立性の高い行政委員会として発足したのは、二〇一二年の九月であった。以来、原発立地場所周辺部の放射能拡散予測の発表、大飯・敦賀・東通原発の敷地内の活断層調査、原発の安全にかかわる新安全基準案の策定など、矢継ぎ早に作業を進めている。

この規制委員会に対して、脱原発派からは、委員長をはじめとして委員や専門委員会委員の原子力ムラ出身者の顔ぶれ、事務局を務める原子力規制庁の官僚構成などについてクレームがつき、原発路線の維持を目的とした組織であると批判されている。実際、事務局の審議官が活断層調査に関わる報告書原案を日本原子力発電側に秘かに渡していたことが判明し、これまでの安全・保安院時代と何ら変わらない体質が暴露され信用を失墜させることになった。

他方、電力業界をはじめとする原発推進派は、規制委員会は安全対策のコストを考えずに無理難題を押しつけ、設置者の言い分を聞かずに強引に活断層と認定し、それによって電力企業を倒産の危機を招いていると批判し、「暴走する原子力規制委員会」とまで非難している。このような厳しい言葉を浴びせることによって、規制委員会の活動をいくらかでも鈍らせようとしているのだろう。

このような脱原発派からも原発推進派からも圧力を受けている原子力規制委員会なのだが、さて私たちはどう考えるべきなのだろうか。

私は、極めて常識的なのだが、是々非々主義でいくしかないと思っている。つまり、常に規制委員会の動向を監視し、委員会が出した方針や施策について、支持すべき点はきちんと評価して積極的に実行するよう働きかけ、曖昧なところ、妥協したところ、後退したところがあれば厳しく追及して考え直させることである。一気に原発をなくすことは不可能な現状において、脱原発への具体的道筋としては規制委員会の基準や規制によって稼働できない原発を増やし廃炉に追い込んでいくことが望ましいからだ。規制委員会が活断層の存在などを客観的な評価基準として、問題点がある原発の再稼働不可の断を下すことを激励するのである。

現在の安倍政権は原発推進路線ではあるけれど、次の参議院選挙まではそれを露骨に示さないよう規制委員会の動きにクレームを付けていない。しかし、参議院選挙（おそらく原発を争点にしない選挙にするだろう）に勝利すれば、規制委員会への攻撃を開始するに違いない。そして原子力ムラにいる（いた）委員が内部から造反して甘い監視しかしなくなってしまうことは十分予想される。原子力規制は政治の動静に左右される危うい状況にあるのだ（アメリカも同様らしい）。

そのように考えれば、今のところ不十分ながらもそれなりの役割を果たしている規制委員会が、今後も原発からの撤退路線の具体的実績を積み上げていくのを叱咤激励するのが重要ではないかと思うのだ。それをテコにして少しでも原発を廃止する時期を早められたら、と願っている。

（中日新聞「時のおもり」2013年3月20日）

# ヘボ規制にならないために

原子力規制委員会は原発の新しい規制基準を正式に決定し、二〇一三年七月八日から原子炉等規制法の規則（政令）として施行した。従来は、過酷事故対策など安全のための措置について原子力委員会や原子力安全・保安院の勧告を受け入れるかどうかは、最終的には電力会社側の意向に任されていたのだが、昨年制定された規制法によって定められた基準を満たしているかどうかを規制委員会が審査し、それに合格（適合）しなければ稼動できなくなったのだ。国会が設置した福島原発事故調査委員会が指摘したように、原発の安全のために監督・指導するはずの国の規制当局が逆に電力会社の主張を後押しするという逆転現象が起き、「電力会社の虜」になっていたという事実の反省に立って、権限を強化した規制委員会が要求する基準を守ることを電力会社に義務づけたのである。その意味では原発行政の再出発と言うべきだろう。

この新規制基準は、通常の「地震・津波対策」の他、放射性物質の飛散につながる過酷事故に備えた「過酷事故対策」、既存設備への「設計基準」の三部で構成されており、全部で数千ページもの膨大な文書で素人の私ではとても読みきれるものではない。新聞報道を読みつつ抱いた感想をここに書いておきたい。

私が一番気にしている点は、新基準が要求している安全対策を講じるには時間がかかることを規制委員会が前もって容認し、完全な履行を猶予したまま再稼動を認める可能性が高いことである。例えば、新基準の施行に応じて六つの原子力発電所で計十二基の原発の再稼動申請が出される見込みなのだが、いずれもフィルター付きベント設備の設置について加圧水型であるという理由で五年間の猶予を認めているし、伊方3号機以外では事故の際の作業拠点である免震重要棟の完成を二年先に繰り延べし、その間は代用措置で可とするという方針のようである。規制行政の第一歩から電力会社に妥協しようという姿勢が明確で、断じて許すことができない。これが積み重なると再び「電力会社の虜」になる恐れがある。時間がかかろうと決定した基準は厳格に実施するよう迫るべきなのだ。

また、現在唯一稼動している大飯原発3、4号機への安全基準適合性の確認作業過程で敷地内に活断層の存在が指摘されたのだが、有識者会議では結論が出ていないことを理由として評価の対象外とし、定期点検終了後まで審査を持ち越すことになった。「疑わしきは罰する」という予防措置原則の立場に立ち、危険性が指摘される原発には直ちに運転停止の措置をとるべきである。規制委員会はこの確認作業の評価書において、関西電力は「対策を小出しに提案して新規制基準を満たす最低線を探ろうとするかのような姿勢」をとっていると明記し、「審査を効率的に進める上で障害になる」と非難している。

このように電力会社は規制を骨抜きにしようと常に画策しているのだから、委員会は電力会社と厳しく対決する姿勢を貫かなければならない。規制委員会自身は「世界一厳しい新基準」だと自賛しているらしいが、さらに「世界一厳しい適用」をしなければ絵に描いた餅でしかないのだ。

原子力規制委員会が本来求められている厳正な規制を行えるのか、形ばかりのヘボ規制しかできないのか、厳しく監視する必要がある。それは規制委員会そのものの存在意義を決定すると言えよう。

（中日新聞「時のおもり」２０１３年7月10日）

追記　原子力規制委員会が発足して六年が過ぎた。この間、規制委員会が存在することのそれなりの意味（新規制基準が厳しくなったことから、安易に再稼働が認められなくなって、新基準を満たすために費用がかさんでおり、そのために廃炉になった原発も多い）があるが、決して世界一厳しい基準ではなく、形ばかりを整えてシミュレーションをすれば審査をクリアできるし、実行を繰り延べしてくれることもあるので、電力会社側にとってはそう困難な相手ではない。規制委員会は、基本的には原発機器の技術的な（ハードの）側面のみに的を絞っており、いわゆるソフトの側面はあまり力を入れていない。どこまで追求するべきか基準が設定できないためだろう。しかし原発事故は人間のミスや誤認や手抜きで起こり拡大することが多く、その面はチェックできないことになる。

また、ＩＡＥＡは五段階の「多重防護」措置を推奨しているが、その五番目の「放射能が外部に漏れた場合の対応」について、つまり「原発周辺住民の避難」に関しては、規制委員会は何ら関与しないことになっている。これもソフトに関連する要素であり、技術的判断ができないためだろう。そのような部分こそ、原発の安全性や円滑な運用にとって重要なのだが、体よくスキップして電力会社や地方自治体に丸投げしているのである。

さらに、島崎邦彦前規制委員会委員長代理が地震動に関する従来の経験式の問題点を指摘したが考慮せず、火山についても火山噴火予知連絡会からクレームを受けながら大きく修正せず、活断層の有無についての新たな手法である変動地形学の知見を活用しないという、科学者の集団とは言えない側面が多くあって信用し難い。福島原発におけるトリチウムを含んだ汚染水を薄めて海洋に投棄することを更田豊志（ふけたとよし）委員長は容認しているようで、この点も過去の公害から得られた教訓（濃度規制ではなく絶対量規制が重要）を学んでいないことがわかる。規制委員会は政府の方針を追認していて、真に当局から独立した組織ではないと言わざるを得ない。

しかし、完全に敵対してしまうと、日本の原子力行政は滅茶苦茶になってしまうので、やはり批判的に対応していくしかない。つまり、規制委員会の方針や動静を厳密に監視し、政府や電力会社に甘い部分を厳しく批判するとともに、厳格に対応すべきことを要求し続けることである。原発について規制委員会しか影響を及ぼせる組織はなく、建前では政府から独立した委員会と位置付けられているのだから、私たちはその点を衝いていくべきなのである。規制委員会としても私たちからの要求を無下に無視することはできないからだ。アメリカの原子力規制委員会（ＮＲＣ）は権力に対して姿勢がフラフラしていると批判されているが、日本よりは多くの権限を持っており、日本の原子力規制委員会よりはまだ信頼できる組織のようである。

それにしても、三権分立であるはずの司法も行政（政府）に追随することが多く、日本ではなぜ政府と完全に独立した第三者組織が存在しない（できない？）のだろうか。同調社会、和の社会、忖度社会、とさまざまに言われる日本社会の特質を反映しているのではないだろうか。

# 急ぎ過ぎる現代

ボーイングB787は二〇一一年十月に商業運航を開始したのだが、リチウム・バッテリーの発火など度重なるトラブルが発生したため、二〇一三年一月十六日にアメリカ連邦航空局（FAA）が運航停止命令（日本では一月十七日に国土交通省航空局〔JCAB〕が運航停止命令）を出して飛行をすべてストップさせ、トラブルの原因究明が行われていた。しかし、真の原因が明確にされないまま、想定されるトラブル要因について検討・対処したと認定して、四月二十六日に運航再開がFAAで承認され（それに追随して同日に日本でも再開が承認され）商業運航が再開された。国交省運輸安全委員会が「トラブルの発端は不明で（原因究明に向け）どの点に注目すべきかも絞れていない」と述べているように（msn産経ニュース四月二十六日号）、まだ原因がわからないのに運航再開を認めたのは拙速に過ぎると言わざるを得ない。

この図式は、福島原発事故と全く二重写しになって見えてくる。原発事故も、その直接原因が地震なのか津波なのか、まだ明確になっていない。また、原子炉の格納容器や圧力容器の損傷具合の詳細がわかっておらず、事故の推移がどのようであったかも把握できていない。そのような状態では、安全のための対策も立てられないはずである。それにも拘（かかわ）らず、政権与党の自民党には経済的事情を優先しての原発再稼働の声が強まっており、もし参議院選挙で同党が圧勝するようなことになれば、原子力規制委員会に圧力をかけて、なし崩し的に原発路線が復活することになるだろう。B787運航再開容認に先立って国交省航空安全事業安全室の室長が、「三重の防護をしている。是正措置の妥当性に疑念を抱く内容のものはなく、総合的に判断し、安全が図られると評価した」と述べているが（同産経ニュース）、なんだか原子力ムラの人間が原発に関して語っているかのように感じられて仕方がない。根拠なしに安全神話を吹聴しているからだ。

労働災害の経験則にハインリッヒの法則がある。一件の重大な事故・災害の背後には二十九件の軽微な事故・災害があり、さらにその背景には三百件の異常（事故には至らなかったもののヒヤリとしたとかハッとした事例）が存在するというものだ。通常の労働災害だと、重傷以上の災害一に対し、軽傷を伴う災害が二十九、傷害がないヒヤリ・ハット災害が三百の割合ということだろう。

原発に関しては事故のスケールがアップされて、この法則が当てはまると思われる。福島の十万人以上の人々に被害をもたらした重大事故一件に対し、「もんじゅ」の事故・ＪＣＯ臨界事故・美浜原発細管破砕事故などの比較的大きな事故（死者を出した事故もある）が数十件あり、さまざまなトラブル隠しで知られるようになった軽微な（だが重大事故につながりかねない）事故が数百件以上起こっているからだ。航空機に対しても同様なことが言えるのだろう。だから、Ｂ７８７のバッテリートラブルは軽微だが大事故の発生を警告していると捉え、運航停止を継続して原因を徹底究明してから具体的に対処するという謙虚さが求められていると言えよう。

原発にしろＢ７８７問題にしろ、現代人は経済論理に振り回されて急ぎ過ぎているのではないだろうか。

（中日新聞「時のおもり」２０１３年６月５日）

追記　現代はスピードが第一であり、手早く判断・決定して直ちに行動することが至上目的となっている。ゆっくりしていては競争に負けるし、ビジネスチャンスを逸すると考えるからである。その結果として、安全性に関して十分な検査をしないまま、あるいは危険性が指摘されても不十分な対応しかせずに、商品として売り出してしまって大きな損害を被ることになる。ときには、すぐに欠陥が露呈せず、時間が経ってから不全なところが次々と出て来て、結果的には被害が大きく広がって回復不可能なことになってしまうこともある。原発や飛行機の場合は複雑な数多くのシステムの集合体だから簡単に総入れ替えできず、不都合を示す部分を騙し騙し使っているうちに、非常に歪（いびつ）で醜悪なものになっていつ大事故を起こすかわからなくなってしまう。ハインリッヒの法則は、そのような危険性を警告していると言える。

その警告に敏感になることが大切なのだが、根本的な問題は、安全性への疑いを完全に払拭するまで商品化しないとか、危険性を極小にするまで実験に留めるというような、予防的な措置を採ることを安全文化として確立することである。現代のような時間が加速されている時代は、人体実験をして商品の欠点を見つけているようなものと言わざるを得ない。

# 原発再稼働の最終責任

七月十六日（二〇一四年）、原子力規制委員会は九州電力川内原子力発電所1、2号機について「新規制基準を満たしている」とする審査書案をまとめ、ただちに科学的・技術的意見の公募（パブリックコメント）を行う手続きを開始した。八月中にも正式の審査書として決定して許可を出す予定で、政府と九州電力は立地自治体の同意を得て十月にも再稼働させるという情勢となった。

私は又もや「日本は無責任体質が骨の髄まで沁みこんでいる国」だと恥ずかしく思い、このままでは法治国家の名が廃る、と思ったものである。アジア太平洋戦争における戦争責任をはじめ、数々の公害や薬害などの問題について、本来国家が前面に出て自らの監督責任を明らかにし、さらに加害企業に製造責任を取らせるべきであったにもかかわらず、曖昧なままコトを糊塗してしまうことが何度も繰り返されてきたからだ。

その極めつけは3・11における福島原発の過酷事故で、十万人を越える人々が土地を追われ、生業を奪われ、放射線被曝に脅かされているというのに、原子力の専門家も、電力会社の役員も、原子力安全・保安院の役人も、誰一人として責任をとろうとしないことだろう。国会の場で責任を追及することも望むべくもない。

今回の原発再稼働に対して、まず原子力規制委員会の無責任な対応を指摘しておきたい。規制委員会の規制基準はＩＡＥＡ（国際原子力機関）が定めた安全対策の五段階設定である「深層防護」に準拠しなければならないはずだが、第五段階目の「施設外に放射能放出が起こった場合の避難計画」について審査の対象としていないことである（第四段階目の「原子炉と周辺住民が十分引き離されているか」も審査していない）。その結果として、原子炉周辺に住む住民に対する安全措置を点検し、責任を持って避難計画の詳細を精査し指導する機関は日本にはどこにも存在しないことになる。規制委員会は原子炉の技術的方策のみを審査して、地域との関係のような厄介なことは審査対象外として無視してしまったのだ。

それにもかかわらず、安倍首相は、「世界一厳しい新基準」だと言い、「規制委員会で安全と認められた（後に適合と認められたと修正）原発は再稼働する」と繰り返し述べている。ここに自らの責任を糊塗する言葉のトリックが使われていることに注意すべきである。右に述べたように「世界一厳しい新基準」では決してないのに臆面もなく強調していることだ。オリンピック・パラリンピック招致のときの「放射能汚染は完全にコントロールされている」という無責任な言葉と本質的に変わらない。さらに「安全（適合）と認められた原発」といかにも危険性はないかのように装って安全神話を振りまくが、これに対して規制委員会の田中俊一委員長は「安全だということは私は申し上げません」と述べ、「新基準では事故は起きうるという前提だ」と強調しているのである。

この遣り取り（やりとり）に日本の政治の無責任体質が明確に表れている。もし再び原発が過酷事故を起こした時、安倍首相は「規制委員会が安全を保証したのだから、私はそれを信用して再稼働を決定したに過ぎない」と逃げ、田中委員長は「規制委員会は新基準に適合したと確認しただけで安全だと認定したわけではなく、実際の再稼働を決定した政府の責任だ」と言い訳するだろう。互いに責任を押しつけ合うふりをして、無責任体制を互いに補完し合うのである。これまで官僚と審議会が使ってきた責任回避の方便と全く同じ構造と言える。

法治国家なら、最終責任者たる安倍首相は原発再稼働で生じるいかなる問題についても終身責任が追求されるとするのが常識だろう。私たちはそれだけの覚悟を政治家に求めねばならないのである。

（中日新聞「時のおもり」2014年7月23日）

# 大飯原発裁判の画期的判決

もう旧聞に属するが、関西電力（関電）大飯原発3、4号機をめぐって住民らが関電に対して運転差し止めを求めていた民事訴訟の判決が（二〇一四年）五月二十一日に福井地裁から出され、「（大飯）原発の安全技術及び設備は、確たる根拠のない楽観的な見通しのもとに初めて成り立ちうる脆弱なものと認めざるを得ない」として、「3、4号機を運転してはならない」という画期的な判決が出された。関電が上訴したので判決は確定せず、上級審の判断に委ねられることになったが、福島第一原発の過酷事故を経た後の日本において、司法判断がいかなるものになるか大いに注目してゆきたいと思う。今後三十年の日本のエネルギー政策が、ドイツのように思い切った方針転換によって自然エネルギーに依拠した社会へ移行していくのか、原発に固執し旧態依然のまま時代遅れになって世界の動向から何周遅れにもなるのか、そのいずれかの別れ道にさしかかっているからだ。

日本において、原発の「安全神話」が流布されて誰もが信じるようになった背景には「原子力ムラ」の存在があった。原子力ムラの住民とは、原子力の専門家、政治家、官僚、業界、そしてマスコミで、この五者がそれぞれ協力し合って安全性を保証して原発推進に邁進し、疑いを差し挟もうなら「非科学的」だとして排除してきた。そのためもあって私たちは、過疎地に原発を押しつけ、作業員に放射線被曝を押しつけ、未来世代に放射性廃棄物の管理を押しつけるという、原発が持つ反倫理性に気付かなくなっていた。

私はさらにこの原子力ムラの一員に司法も加えなければならないと考えていた。3・11以前に、国に対して原発の設置許可を取り消す行政訴訟や電力会社に対して運転の差し止めを求める民事訴訟が約二十件も提起されたのだが、高速増殖炉「もんじゅ」の設置許可処分無効を確認した高裁判決（二〇〇三年）と北陸電力志賀原発2号機の民事差し止め請求を認めた判決（二〇〇六年）以外、ことごとく国または電力会社が勝っており、司法は原発推進の旗振りの手助けをしてきたと言っても過言ではないからだ。これらの判例に共通しているのは、国や電力会社の主張をそのまま鵜呑みにして追随し、住民側の主張をことごとく切り捨てる判断であり、科学的な観点からの分析や憲法の精神に基づく価値観に関する見識を示すものではなかった。

今回の大飯判決は、この二点について誠実に向き合い深く考察した結果であることがわかる。たとえば科学的な側面では、原発が備えるべき冷やす機能と閉じ込める構造における欠陥を明快に指摘し、また基準地振動に対する根拠のない楽観的見通しを厳しく批判している。憲法の精神については、生命を守り生活を維持するという「人格権」を何物にも代えがたい貴重な権利とみなす観点を貫いていることで、このような司法としての見識を高く評価すべきだろう。「多数の人の生存そのものに関わる権利と電気代の高い安いの問題等を並べて論じるような議論に加わったり、その議論の当否を判断すること自体、法的に許されないと考える」と高らかに述べている。

原子力規制委員会の基準をクリアした原発は安全を保証されたとして政府は原発再稼働を推進する構えだが、この判決文はそもそも規制委員会の基準に意味があるのかどうかを根底的に問いかけている。この判決文をじっくり読み直し、今後の脱原発の運動に活かすべきだと思ったことであった。

（中日新聞「時のおもり」２０１４年6月18日）

# 司法権とは何だろうか？

二〇一七年三月二十八日に大阪高裁において高浜原発3、4号機の再稼働が認められ、三月三十日には広島地裁において伊方原発3号機の差止仮処分が却下された。いずれも原発再稼働を急ぐ安倍政権を後押しする一方、脱原発を求める多くの国民の願いに背を向ける判決と言わざるを得ない。これら二つの判決を見ながら、日本の司法が抱えている問題点を考えてみたい。

福島原発の大事故が起こって以来、「原子力ムラ」という呼称が市民権を得た。原発推進母体の電力業界を中心とする財界、国策として原発を推進する政府、電力業界を甘やかしてきた経産省を始めとする官僚、原子力安全神話を振りまいてきた専門家集団、そして広告料の魅力で批判を差し控えたマスメディア、の五つが原子力ムラの構成員とされた。このペンタゴンが持ちつ持たれつの関係で互いを庇(かば)い合い利権を擁護し合ってきたのである。

私は講演会などで原子力ムラのことを語るとき、さらに司法、つまり裁判所（裁判官）もその一員に加えるべきだと述べてきた。裁判官は利権とは直接関係なさそうなので右の五集団とは異なる。しかし、福島事故以前の二十件近くの原発訴訟のうち、原告側（稼働差止請求や認可取消訴訟などを提起した住民）が勝訴したのは二件のみで、それも上級審で覆され、ことごとく被告側（電力会社や政府）の主張が通ってきた。司法はもっぱら原発を推進する役割を果たしてきたのである。判決理由を端的に言うと「国が決めた基準には従うべき」というもので、これは裁判所が司法権を放棄したのも同然と言える。明らかに司法の行政への従属を示しているからだ。

私たちは、国会が立法権、内閣が行政権、裁判所が司法権を持って互いに独立で対等な関係にある三権分立が憲法の原理であると教わってきた。司法は、法が不備であったり、憲法の精神と齟齬（そご）したりする場合には、それを指摘して修正勧告をする権限を持つ「法の番人」であり、それによって誰もが納得する法の正義が守られることになる。

その意味で、関西電力高浜原発3、4号機の運転停止を命じた大津地裁の二〇一六年三月の仮処分決定、これに対する関西電力の異議を退けた同じ大津地裁の七月の決定は、人格権の考察や原子力規制基準への疑いなど、まさに司法の独立を示した見識ある論理を展開した。行政への配慮を一切せず、裁判官として自らの頭で考えた問題点を鋭く指摘したからだ。しかし、その決定は大阪高裁で否定され、伊方原発差止仮処分も川内原発差止仮処分についての福岡高裁の決定を参照するとして認められなかった。いずれにも共通して「原子力規制委員会の新規制基準に適合しているから問題なし」としており、新規制基準そのものへの疑問は一切不問にしている。新規制基準が、原子力開発を推進する立場のＩＡＥＡ（国際原子力機関）でさえ常備すべきとしている深層防護第五段階の避難計画を全く無視した欠陥基準であることを司法は指摘すべきなのだが、完全に等閑視（とうかんし）しているのだ。

失礼ながら、裁判官は科学・技術が不得手で問題点がおわかりでないとお見受けする。であれば、勉強して自分なりの観点を持つべきなのだが、それはサボって行政に追随するのが習い性らしい。だとすれば、やはり司法も原子力ムラの重要な構成員だと見做さなければならないようである。

（中日新聞「時のおもり」　２０１７年４月８日）

追記　二〇一四年五月に先の大飯原発に関する歴史的判決を出したのは樋口英明裁判長で、二〇一五年四月には高浜原発差し止めの判決も出している。実は、その二〇一五年四月に樋口裁判長は名古屋家裁に左遷されている。上級裁判所の意向に沿わなかったためのようである。続いて、二〇一六年三月に大阪地裁によって北朝鮮のミサイル攻撃を理由として高浜原発の運転差し止め判決が出されたのだが、二〇一七年三月に大阪高裁の控訴審で逆転判決が出された。これに対する文章が、ここに収録したものである。

一方、大飯原発に関する判決は、直ちに関西電力が控訴して差し止めは確定せず、二〇一八年五月に再稼働した。そして、控訴審の判決は二〇一八年七月に名古屋高裁金沢支部において、「危険性は社会通念上無視できる範囲まで管理・統制されている」とし、「周辺住民等の人格権を侵害する具体的危険性はない」との判断をして、運転差し止めの地裁判決を取り消した。問題は、その判決文において、「福島原発事故に照らし、原子力発電そのものを廃止することは可能だろうが、その判断は司法の役割を超えており、政治的な判断に委ねられるべき」と述べていることで、司法は独自の判断をしないことを宣言したのである。

福島事故が起こって後に、大飯原発・高浜原発の差し止め訴訟の判決が樋口裁判長より出され、また高浜原発に関する二度目の差し止め判決が二〇一六年三月に出され、裁判官は自律的な判断をするかと期待したのだが、結局福島事故前に通用していた判例が復活したことになる。これでは何のための裁判・司法なのかと言わざるを得ない。司法(特に上級審)も原子力ムラの一員に舞い戻ったようである。

## 原発に未来はない

私は、世界平和アピール七人委員会（以下、七人委員会と略す）の一委員として、七月十一日に行われた一〇四番目のアピール発表の記者会見に参加した。アピールの標題はずばり「原発に未来はない」というもので、脱原発に向けて計画的に原発を凍結・廃止することを求めるとともに、ＩＡＥＡ（国際原子力機関）が原発の安全性を厳しく監視し、さらに安全性が欠けた原発は即時停止させる強い権限を持たせるべきとする提言を行った。ＩＡＥＡは原子力開発を進めてきた米国が主導して創設されたという経緯があり、原子力の平和利用の積極的推進が主な目的なのだが、核拡散防止のための査察権を持つという権限を有している。平和利用の口実で野放図な管理になって核拡散を招くと、かえって平和利用が困難になると考えたためだ。といっても、査察はできても違反に対する罰則規定を持たず、せいぜい助言や勧告ができるだけであったため、むしろ核拡散の手助けをしてきたと非難される始末であった。

このようなIAEAに対する提言なので、七人委員会としてはかなり思い切ったアピールとなったことは確かであろう。少なくとも、これまで科学者の多くは、原発は原子力の平和利用として推進すべきであると考え、IAEAを支持してきたからだ。科学者（特に物理学者）には原爆開発の主要な役割を担ってきたという後ろめたさがあり、その重苦しさを払拭できるものとして平和利用を推進してきた過去がある。「我々はこんなにひどい兵器を作ってしまった、それを償いたい」という思いがあったからだ。湯川秀樹が初代の原子力委員となったのも、そのような動機であったと思われる（意見の食い違いから一年足らずで辞任したが）。核兵器には反対、平和利用の原発には賛成、それがほとんどの科学者が採った考え方であった。そのためか、原発が抱える問題点を深く追求することをしなくなってしまったことは否定できない。

しかし、物理学者の武谷三男は違った道を歩んだ。彼は、最初は原子力の平和利用として原発を積極的に推奨する立場であったが、原発の技術の未熟さを知るに及んで反原発に転じたのである。彼が特に問題にしたのは、原発は「トイレなきマンション」であることだった。近代技術で装備された原発ではあるが、そこから出てくる放射性廃棄物（死の灰）の処分方法が全く未決定のまま進められていることに疑問を持ったのだ。死の灰が完全に無害になるためには十万年以上の厳重管理を要する。それだけの長い期間を安全に保管する方法や場所について何らの方策もないまま、ただ原発の建設のみが推進されてきた。さらに、武谷は科学的な立場で原発を詳しく研究し、その欠陥を明らかにして異議を申し立てた。最初に自分が採った判断が間違っていたことを潔く認め、真実に対して忠実な科学者としての態度を貫いたことを高く評価すべきだと思っている。

七人委員会は、科学者のみならず、国際政治学者や翻訳家や写真家などが参加して不偏不党の立場から平和を希求し、その実現のための意見を述べる団体で、世界連邦の思想を踏襲してきた。福島の原発事故を見るに及んで、原発が人類の平和的に生きる権利を侵害するとの判断から、思い切って原発廃止の方向を打ち出したのだ。そして、欲しいだけ電力を作る生活から、利用できる範囲で生活する、そんな生き方への転換も呼びかけている。

ある意味で遅きに失したアピールであった。原発事故が勃発する以前に、今回のような事態を予測して提言すべきであったからだ。その不明さを反省しつつ、原発のない社会に向けて発言を続けて行こうと考えている。

（中日新聞「時のおもり」　2011年8月3日）

追記　世界平和アピール七人委員会は、二〇一八年六月六日付で、これまで述べたことがない現内閣を強く批判する思い切ったアピールを発表した。以下のような短いアピール文である。

安倍内閣の退陣を求める

五年半にわたる安倍政権下で、日本人の道義は地に堕ちた。

私たちは、国内においては国民・国会をあざむいて国政を私物化し、外交においては世界とアジアの緊張緩和になおも背を向けている安倍政権を、これ以上許容できない。私たちは、この危機的な政治・社会状況を許してきたことへの反省を込めて、安倍内閣の即時退陣を求める。

安倍内閣の問題点は既に多くの人々と共有しており、本質的なことのみをコンパクトに述べることにしたのである。このアピールは多くの人々の共感を得た。

# 御嶽山噴火の警告

一九七九年十月に、有史以来初めて噴火した御嶽山が気象庁の定めた「噴火警戒レベル1の平常」であったにもかかわらず、二〇一四年九月二十七日に突然水蒸気爆発を起こした。九月始めに火山性地震が連続していたのだが、いったん落ち着いていたこともあって今回の噴火の前兆現象とは考えず、「注視」するという判断にとどめていたのである。そのため、自由に登山できる三千メートル級の山とあって人気が高く登山客が多かった。突然の噴火のため、頂上付近で噴煙に巻かれたり噴石に直撃されたりして、犠牲者を多く出すことになった。火山学の専門家が語っているように、火山噴火の予知・予測がいかに困難であるかをまざまざと見せつけられた思いである。

これに関連して直ちに懸念されることは、川内原発の周辺にはいくつもの活火山があっていつ大噴火を起こすかわからないのに、原子力規制委員会は火山審査に対して甘い判断しかしていないことである。規制委員会が昨年六月に出した「原子力発電所の火山影響評価ガイド」（以下、火山ガイド）では、「火山性地震や地殻変動、火山ガスなどを監視することで火山の状態をモニタリングし、火山活動の兆候を把握した場合には、原子炉の停止、核燃料の搬出などを実施する」とし、「事業者にその対処方針を定めることを求める」こととしているに過ぎないのである。これに応じて九電は「対処方針」を定めたが、具体的な「対処計画」を策定しておらず、規制委員会はそれでも了承するというわけだ。

要するに規制委員会の火山ガイドは、モニタリングを行うことで巨大噴火が起こる時期を予知することができ、予知してから噴火までに核燃料を原発敷地から安全な場所に搬出できる十分な時間がある、という前提に立っているのである。それに応じて九電は地殻変動や地震活動を観測してモニタリングする計画だけを提出し、規制委員会はこれを妥当と認めたという次第なのだが、これには重大な疑義がある。

そもそも火山活動の兆候が把握できるのは、爆発や噴火を起こす数日前がせいぜいであって、数年前に兆候が把握できるとの規制委員会の見解は甘すぎるからだ。そして、「核燃料を搬出する」と書かれているが、原発の稼働を止めても直ちに燃料棒を取り出すことができるわけではなく、放射能を多量に放出していて熱を持っているから、プールで数年間冷やす必要があることが全く考慮されていない。簡単に搬出できないのである。その間、火山は爆発することを猶予してくれるのだろうか。

結局、九電も規制委員会も、現状では核燃料が存在する期間（五十年くらい）には巨大噴火に至る状況は起こらないと判断をしていることがわかる。そのため九電は核燃料搬出の「実施計画」を作成しておらず、規制委員会もそれをあえて求めていないのだ。実際、その計画を作るだけでも長い時間がかかることになるのは確実だから、計画作成はそもそも不可能なのである。「火山ガイド」には気軽に「搬出する」と書かれているが、実際に放射性物質を多量に含んだ核燃料の保管所を引き受ける地域が、そう簡単に見つかるはずがない。以上は、火山に素人の私でも推測できることであり、九電や規制委員会がいかにもズサンで、火山に対する警戒心を全く持っておらず、形式的に机上の対応を示しているに過ぎないことがありありと見える。

規制委員会は、そもそも川内原発の火山審査について専門家を入れないまま審査書を作成し、実際に火山活動のモニタリングをどうするかという段階になって、慌てて火山学者が参加する検討会を設けた、というのが実情なのである。その検討会の場で火山学者は噴火の事前予知の困難さを指摘し、火山ガイドが絵に描いた餅に過ぎないことを強調した。現在の知識では、噴火予知ができたとしてもせいぜい数時間から数日前であり、核燃料を搬出できる時間的余裕はない、と明確に証言したのである。そして、それを実証するかのように気象庁が常時監視している御嶽山が何の前触れもなく噴火したという次第である。

自然は私たちが望むように振る舞ってくれるわけではない。大地震も大津波も私たちにとっては天災なのだが、自然の営みとしてはちょっとした揺らぎに過ぎず、それに振り回されているのが人間なのである。私たちはもっと謙虚になって自然を侮（あなど）らず、福島の事故を教訓にして危険な原発から手を引くことが必要なのではないだろうか。

（中日新聞「時のおもり」２０１４年10月９日）

追記　二〇一七年十二月に「伊方原発差し止め訴訟」に関する広島高裁の仮処分判決で、「一五〇キロメートル離れた阿蘇山の破局的噴火で火砕流が到達する可能性がある」として、四国電力に対して運転差し止めを命じた。このような判決が出されたこともあって、原子力規制員会は火山爆発に関してより慎重な審査を行うことを決めたようだが、火山噴火の兆候が前もって把握できるとの前提は変わっておらず、本質的には以前と何ら変わっていない。しかし、核燃料を搬出することの問題点（すぐに核燃料を動かすことができないことや、搬出先が決まっておらず、すぐに決められないこと）について疑問が出されており、火山に関する規制委員会の安易な判断に対する批判が強くなっている。泊原発は樽前山や有珠山や恵庭岳、大間原発は恐山、東通原発は岩木山、女川原発は蔵王や栗駒山、東海第二原発は榛名山、柏崎刈羽原発では白根山や妙高山、志賀原発は焼岳、浜岡原発は富士山や箱根山、島根原発は三瓶山、伊方原発は阿蘇山や由布岳、玄海原発は雲仙岳、川内原発は霧島山や桜島と、どの原発も近くに火山があり、いつ火山爆発の洗礼を受けるかもしれない。地震といい、活断層といい、火山といい、日本はよくよく原発立地に不適であることがわかろうというものである。ところが、二〇一八年九月二十五日、同じ広島高裁で伊方原発の再稼働を容認（差し止め取り消し）の判決が出され、火山噴火の危険性に対して対処しなくてよいとの路線が定着してしまいそうである。

# トモダチ作戦の後遺症

二〇一一年三月十一日に東日本大震災と福島原発の事故が起こって間もなく、アメリカ軍（以下米軍と略す）が「トモダチ作戦」と称して直ちに出動した。三月十三日には米軍と自衛隊の災害派遣部隊との合同作戦会議を開き、十四日には空母「ロナルド・レーガン」をはじめとする十隻の艦艇が福島および釜石沖・気仙沼沖などに展開したのである。乗組員は延べ約五千人、まず大津波による被災者の捜索・救援活動を行い、それ以後は原発事故への対応や復興支援を行った。続いて海兵隊三百人も参加し、気仙沼大島に揚陸艇（ようりくてい）を使って救援物資や工事用車両とともに作業員を陸揚げさせた。米軍は四月三十日までこのような活動を行ったようで、かかった費用は八〇〇〇万ドル（約八六億円）だと（いかにも恩着せがましく）日本政府に伝えている。

実は、この話には現在にまで続く続編がある。トモダチ作戦に従事した海軍の兵士八名が原告となって、二〇一二年に東京電力（東電）に対して総額一億一〇〇〇万ドル（約一一八億円）の損害賠償を求めてアメリカ連邦裁判所に訴えたのだ。その訴追理由は「東電は福島原発事故で放射能の降下範囲を正しく伝えなかった」というものである。裁判では、「東電は日本政府の了解の上でアメリカに虚偽を伝えていたのかどうか」が争点になったのだが、翌年の連邦地裁判決では「それは裁判所が関与する問題ではない」として訴えを退けたらしい。

そこで原告側は作戦を変え、「福島原発事故によって具体的に放射線被曝を受けた」として、東電に東芝やGEなどの原発メーカー四社も加えて総額一〇億ドル（約一〇七〇億円）の損害賠償を求め再度提訴したのである。この訴訟には被曝兵士以外の他の兵士や家族も加わり、最終的には二三九人が原告になり、「原発の設計と運営においてメーカーと東電に責任がある」と主張している。3号機の爆発後、五時間も放射能を含んだ煙流（プルーム）の下で甲板作業をさせられ、さらに救援活動の際にも被曝したと主張しており、それが原因となって兵士二名が放射線障害で亡くなったことを証拠として挙げている。東電の責任を直接追及する作戦にしたのだ。これに対し、東電はとりあえず日本で審理するよう主張した。日本の裁判所の方が対策を立てやすいと判断したのだろう。

二〇一四年十月に出された連邦地裁の判決は、「日本での審理は適切な選択肢ではあるが、公民双方の利益のバランスを勘案したところ、米国の裁判所で進行する方が都合がよいであろう」としてカリフォルニア州で裁判を行うことを決定した。何だか、日本では公正な判断が期待できず、アメリカで裁判を開いた方がフェアであると言っているかのように読めるが、いかがだろうか。東電の情報隠しや放射線被曝軽視の態度は米国でもよく知られており、裁判所もそれを警戒したのではないだろうか。この裁判の行方によっては、日米間の重大問題になる可能性もある。今後の展開を注視したい。

振り返ってみれば、日本ではデータが取得されているにもかかわらず公表しなかったSPEEDI（放射能の拡散予想図作成システム）のデータを米軍にこっそり手渡していた。それは米国からの要求があったためと想像されるが、日本の国民には知らせず米国には情報を渡す、なんと日本は情けない国なのだろうか。

米国はそのデータを分析し、日本に恩を売る絶好の機会として、トモダチ作戦と称するいかにも友好的な（友情を押しつけられているようで気持ち悪い）作戦名を採用して乗り出して来た。併せて大震災と原発事故の詳細を探る機会としたのだろう。米国はやはり日本を独立国ではなく属国とみなしているのは確かで、この裁判の行方がどうなるかも、米国における日本の地位を判断する材料になるのではないかと思っている。

（中日新聞「時のおもり」２０１５年２月４日）

## 追記

現在までのところ、アメリカで提起された裁判では、アメリカ政府の放射能が高い領域で乗組員に作業させなかったから被曝は考えられない、との言い分が通り、原告敗訴の状況が続いている。しかし、犠牲者が何人も出ているとする新たな提訴もあり、なかなか収束しそうにない。実際に、どのような条件下での作業であったのか、予想される放射能量はどれくらいか、白血病などの被害の実態はどうか、などの検証が成されるのが望ましい。しかし、一般に放射能による被害を軽く見ることが多いアメリカだから、実際にどうであったか詳しい調査をせず、何事もなかったとして押し通すと考えられる。ビキニ事件と同様、日米両政府によってもみ消されてしまう可能性が高い。

## 廃炉工学科に入ろう！

国立大学に原発の開発を目的とする学科や大学院が新設されたのは一九六〇年代で、原子工学・原子力工学・原子核工学などの名前がつけられていた。原子力は未来のエネルギー源だと脚光を浴び、その名を冠して華々しく船出をしたのである。

しかし、一九七九年にスリーマイル島原発で炉心溶融事故が起こり、一九八六年にはチェルノブイリ原発の爆発事故で多大な被害を出したこともあって、原子力への魅力が薄れ学生たちの人気が衰えてきた。そこで、一九九三年に東大が学科名から原子力を外してシステム量子工学という意味不明な名前に改変したことを皮切りに、数年のうちに他の大学も軒並み原子・原子力・原子核の名称を消し、量子エネルギー工学とか物理工学とかエネルギー工学とかに変更した。現実には原子力の研究・教育を行っていながら、不評の風潮に鑑みて表向き原子力と無関係なようにしたのである。

ところが二〇〇〇年代に入って、原発が環境にやさしいとの宣伝がなされるようになって原子力ルネサンスが喧伝されたためか、今度は機械知能工学とか環境・エネルギー工学へと名称変更する大学も現れ、東大には原子力国際専攻という大学院が発足して、学生たちの人気も復活する状況になりつつあった。しかし、二〇一一年に福島で原発の過酷事故が起こったことで状況が大きく変化した。原子力ムラの存在が暴かれ、脱原発の雰囲気が強くなり、もはや原発建設の活発化は期待できないことが誰の目にも明らかになってきたのだ。こうなるとまたもや学生たちは原発には未来がないと見切って、原子力関連分野を敬遠するようになった。学生はこのように世間の風潮に敏感なのである。

とはいえ、原子力関係の部門を閉鎖するわけにはいかない。内部に膨大な放射能を抱えている原発には、たとえ運転が終わっても長時間かけて安全に廃炉にする作業が残されており、廃炉のための研究者や技術者を養成し続けなければならないからだ。

そこで私は、原発関係分野の学科や専攻科名に、ちゃんと「廃炉工学」の名前をつけ、そのための人材養成に集中することを宣言すべきと提案したい。原発を建設した時代は終わりを迎えて、今や後始末をする時代に入っており、その仕事は原発を建設してきた専門家が果たすべき社会的責務でもある。廃炉工学には国や電力会社から確実な投資があるはずだから、そこで学んだ卒業生には数十年の間人材需要が多くあって食いはぐれがないことは言うまでもない。

廃炉工学科は前途洋々なのである。

ところが、この話を講演会などで話しても、多くの方々からなかなか同意が得られないのが実情である。その理由は「廃炉というような後始末のための学問にはあまり魅力がないから人気が出ないだろう」というものである。実際、これまでの常識では工学分野は、人工物を生産するための技術開発を行うことが主目的であり、それによって若者を惹きつけてきた。そのため廃棄物処理とか安全装置の開発というような、地味で金儲けと直接結びつかない分野は後回しになったり先送りされたりしがちであった。公害問題を引き起こして大損したり、地球環境問題がやかましく言われるようになって、企業も漸くこれらの分野に手をつけるようになったのである。

廃炉工学科は人類の存続のためには不可欠の分野であることは確かである。国や大学に設置を働きかける運動を起こしませんか？「廃炉工学科に入ろう！」と。

（中日新聞「時のおもり」2017年8月28日）

追記　このコラムには多くの読者から「賛成」という反応があった。原発は、もはや建設期ではなく撤退期であり、後始末をいかにスムースに行うかが今後の重要な課題であることを誰もが感じており、廃炉研究を本格化しなければならないと思っているためだろう。しかし、日本には研究用も含めて総計で六十基以上もの原子炉が建設され、いずれ廃炉になることは明らかで、そのほとんどは電力会社が廃炉を行わねばならないのだが、果たしてちゃんと最後まで責任を持って後始末をするかどうか心配である。廃炉には莫大な経費が必要なのだが、電力会社がその費用を賄うことができるのか、結局国民に電気代としてつけを回すことになるのではないだろうか。最悪は、廃炉となった原発立地場所が廃屋として放置され、立ち入り禁止の札がぶら下がっているのみになることだろう。そうならないためにも、今の段階から、国（文科省）が主導して大学に廃炉工学科を設置して、研究者や技術者を養成する体制を整えていくべきだろう。

## 事故原子炉の廃炉にかける時間

二〇一六年十二月に廃炉措置とする決定がなされた高速増殖炉「もんじゅ」の廃炉計画が日本原子力研究開発機構によって策定され、原子力規制委員会に提出された。高速増殖炉には、空気に触れるだけで燃えだし、水に触れると爆発的に化学反応を起こす液体ナトリウムが冷却材（高温の炉心から熱を運び出す物質）として使われており、通常の水を使う原子炉に比べて廃炉が厄介となることは当然である。そのことを考慮しても、はっきり言ってこの廃炉計画は実に無責任な作文に過ぎないと言わざるを得ない。

というのは、廃炉計画を四段階として、第一段階の最初の五年間で核燃料の取り出しと放射能汚染していない二次冷却系のナトリウムの抜き取りを行うことになっているが、その後の三つの段階（第二段階：ナトリウム機器の解体準備、第三段階：ナトリウム機器の解体撤去、第四段階：

建物等の解体撤去）については具体的作業方法や年限を何ら示していないのである。

特に、原子炉容器内のナトリウム数百トンは空気に露出させてはいけないから、常時満杯になるように設計されているのだが、どのような方法で抜き取るかについては廃炉計画には何ら記載されていないのだ。そもそも設計段階からナトリウムを抜き取る手順が想定されていなかったためで、完成を急いだので廃炉のことまで考えなかったらしい。「建設が主、後始末は先延ばし」とする公共事業の典型である。

それにも関わらず、廃炉計画では三十年後の二〇四七年度に完了することを明示し、その総費用は三七五〇億円（維持管理費込み）と見積もっている。作業手順や工事期間が決まらないのに、なぜ完了時期や経費を示すことができるのだろうか。

イギリスのセラフィールドにあるウィンズケール原子炉1号機が、国際原子力自己評価尺度（ＩＮＥＳ）で、スリーマイル島原発の炉心溶融事故と同じレベル５の燃料溶融事故による放射能放出を起こして閉鎖されたのは一九五七年のことであった。原子炉建屋には核燃料が残っていて今なお高い放射線強度を示しているので、解体の方法はまだ決まっていない。とりあえず廃炉作業終了は百年後の二一二〇年としており、事故発生時から廃炉完了まで一六三年という長い期間を想定し、その間の予算は英国会計検査院がチェックすることになっているそうだ。

他方、二〇一一年にメルトダウンし、ＩＮＥＳの評価で最悪のレベル７とされた福島第一原発の１号機から３号機までの廃炉を、東電は事故から四十年後の二〇五一年には終えるとしている。セラフィールドに比べて原子炉の状態が格段に悪いのは確かなのに、そんなに短い間に廃炉作業が完了するのだろうか。

イギリスでは廃炉に時間をかけ、その間の予算は国が検証するという体制を組んでいる。これに対し、日本ではとりあえず短い期間で廃炉できるかのような印象を与えておいて、逐次先延ばしにしていく。また費用は莫大なものとなるはずなのに、かかる経費を小出しにして追加費用を国民に負担させるという作戦のようである。重大問題でないとの印象を与えて困難を先送りし、自分の責任は頬被り（ほおかぶ）りする、官僚や御用学者の無責任極まる姿勢が透けて見える。

時間がかかってもいいから、まずしっかりした廃炉計画を検討し正直に公表することから出発すべきではないだろうか。

（中日新聞「時のおもり」２０１７年12月16日）

追記　一般に日本における廃炉計画は安易で、例えば日本で最初に導入されたコールダーホール型の東海原発の廃炉作業においても、すぐにでも取り掛かれるように工程表が出されたが、実際にどの程度内部で中性子反応によって放射化されているかがわからず、予定通りに進んでいない。本格的な廃炉作業を行った経験がないから作業手順の変更が相次ぎ、なかなか先行きが明らかにならないからだ。ましてや、事故を起こした「福島第一原発1～3号機」の廃炉作業では炉心溶融を起こした原子炉内部の状態がわからず、「もんじゅ」ではナトリウム取り出しという全く未経験の作業であるため、どのような困難が待ち受けているかわからないはずである。それにもかかわらず、必要な予算や作業期間が具体的に発表されている。いかにも簡単に作業が進むとしているが、おそらく今後どんどん期間が延び、費用も増大していくだろう。私たちは、ちゃんと監視しつづけねばならない。アメリカやイギリスでは、もっと時間をかけて責任ある廃炉を行おうとしていることを見習うべきだろう。

## エネルギーミックス論の虚構

経済産業省資源エネルギー庁が、「二〇三〇年のエネルギー需給見通し（あるいは電源構成比率）」を五月中（二〇一五年）にも決定する予定と伝えられている。俗にいう「エネルギーミックス」のことである。

戦後日本の電源は石油発電にほぼ一本化していたが、一九七三年に石油ショックが起こって石油が急騰したため大きな苦境に追い込まれた。そのことを反省して、エネルギーの供給源を多様化した電源構成比率にするよう努めてきたという経緯がある。一九九〇年代になって電源構成の問題がエネルギー源の需給のみならず、地球温暖化問題から$CO_2$排出抑制に及んで議論されるようになり、原子力発電にクリーン・エネルギーという「奇妙な」キャッチフレーズが使われるようになった。十万年もの間安全管理しなければならない危険な放射性廃棄物を大量に排出し、福島原発事故のようなことが起これば放射能汚染によって健康が損なわれ土地を放棄しなければならないというのに、クリーンだと強弁する奇妙さを思うからだ。

とはいえ、日本のエネルギー供給源を多様化した体制を構築することが重要であるのは言うまでもない。そのために日本のエネルギー政策として「3E+S」が謳われてきた。3Eとは、安定供給（エネルギーセキュリティ）、経済効率性（エネルギーエフィシェンシー）、環境適合性（エンバイロンメント）のことで、Sとは安全性（セイフティ）を指し、エネルギー供給源の必要条件から言われてきた観点である。

その観点を踏襲して二〇一四年四月に閣議決定された「エネルギー基本計画」では、電源を昔通りに三つのタイプに分類し、それらをいかに組み合わせてベストミックスとするかだけが議論されてきた。しかし、私は根本的な発想の転換が必要ではないかと考えている。

最大の問題は、電源を「ベースロード電源：発電コストが安く、安定的に発電でき、昼夜を問わず継続的に稼働できる」、「ミドル電源：発電コストがベースロード電源に次いで安く、電力需要の動向に応じて出力を機動的に調整できる」、「ピーク電源：発電コストは高いが、電力需要の動向に応じて出力を機動的に調整できる」に分け、ベースロード電源を固定化する考え方である。決定的な問題点は、エネルギー資源庁による右の定義からおわかりのように、経済効率性を最重要視し、環境適合性を完全に無視していることである。この前提では再生可能エネルギーが考慮されなくなってしまうのだ。このような議論は長期的な観点でエネルギー供給源を変革する志に欠け、近視眼的な発想のまま原発への依存を20%以上とするためのテクニックでしかないと言えよう。

根本的に観点を変えて、風力発電や太陽光発電や地熱発電などの再生可能エネルギーで基幹部分を担わせ、それで不足する部分を出力が変えられる天然ガスや石炭火力で補うようにする組み合わせとしてはどうだろうか。一日のうち再生可能エネルギーだけで賄える時間も不足する時間もあり、それは季節や時間ごとに変動するだろうが、いまやデジタル技術によって電源の切り換えは容易だから多様な電源をスタンバイさせておけば問題はない。むろん、現在原発無しでやっていけているのだから、原発の再稼働の必要もない。

今、議論しているエネルギーミックスは二〇三〇年の計画なのだから、これくらい大胆な発想で取り組むべきではないだろうか。

（中日新聞「時のおもり」　２０１５年５月20日）

追記　このエネルギー基本計画は二〇一九年度からも引き続いて踏襲し、原発は20～22%を担うことが二〇一八年七月に閣議決定された。原発再稼働路線を維持することを宣言したもので、世界は再生可能エネルギーへのシフトが始まっているというのに、日本は相変わらずの原発依存である。電力業界がせっかく建設した原発で利益を確保し続けたいと望んでいることを政府・官僚が手助けしているためと思われる。このような近視眼的エネルギー政策を続けていると、日本は産業構造において世界の二流国になってしまうだろう。

# プルトニウム政策がないままに

ほとんど議論がなされないまま、一九八八年七月十六日に発効した「日米原子力協力協定」が二〇一八年七月に三十年の満期を迎え、その半年前までに日米双方とも見直しの動きがなかったため、この一月十六日に自動延長となった。日本の原子力政策を抜本的に見直すための議論をする絶好の機会であったのだが、アメリカ側はトランプ政権の体制が整わず、日本側はこれ幸いと沈黙を続けたので、何ら議論がないまま自動延長となったのである。

この日米原子力協定によって、日本は米国から使用済み燃料の再処理に関する包括的事前同意が与えられ、特定施設における再処理によって取り出されたプルトニウムを所有することが認められた。これは異例のことで、核不拡散条約（NPT）に参加する核兵器非保有国で唯一日本のみに認められた特権である。なぜアメリカが日本に格別の権利を与えたのかについて、日本は非核三原則を持つとか、日本の核開発は平和目的に限っているとかということになっているが、日本が原発に関してアメリカの好都合な同盟国であり、日本にアメリカの核の傘の恩恵を認識させるために譲歩したのではないかと勘ぐっている。

いずれにせよ、その結果として、日本には国内の再処理施設や英仏に依頼していた再処理によってプルトニウムを約四十七トン（国内約十トン、英仏に約三十七トン）も蓄積することになった。原爆六千発分である。ところが余剰プルトニウムの処分に関して、具体的な方針もないまま先送りし続けているのが日本の実情なのである。

日本が辛うじて行っているプルトニウム消費は既存の原発のプルサーマルのみだが、原発一基当たり一年で〇・四トン程度に過ぎず、焼け石に水である。高速増殖炉計画「もんじゅ」の廃炉決定でプルトニウムは完全に出番がなくなってしまったのだ。

累積するプルトニウムに対して、諸外国から核拡散や核テロリズムの危険性が指摘され、日本の核武装化の狙いが疑われる状況にある。日本政府は「利用目的のないプルトニウムは持たない」と国際公約し、核兵器開発の意図はないことを強調しているが、今のような状況で国際社会に信用されるだろうか。実際、核武装を主張する政治家がおり、現政権も「現在の憲法の範囲内で核兵器の保有・使用は許される」と閣議決定しているのだから。

この問題はまた、行き詰まっている核燃料サイクル路線とも深くかかわっている。六ケ所村に建設されている再処理工場は一九九八年に稼働予定であったのだが、昨年でなんと二十四回目の延期になった。現時点では二〇二一年に稼働を予定しているが、総費用は当初の予定を大幅に上回って収束の目途が立っていない。もし稼働すれば一年に八トンのプルトニウムが追加されることになり、矛盾がより拡大するだけである。

この際、とりあえずは再処理工場を始めとする核燃料サイクル路線を一切中止し、プルトニウムのこれ以上の累積を中止することである。そのような決定によって生じる軋轢を恐れて、ひたすら先送りしようというのが政府の考えのようだが、無責任極まると言わざるを得ない。

幸い日米原子力協定が満期を迎えたことで、今後半年前に通告すれば協定の改定交渉が可能になる。これを日本の原子力政策を抜本的に変える好機として、国民的な議論を喚起すべきだろう。

（中日新聞「時のおもり」２０１８年２月３日）

追記　二〇一八年七月十六日以降、日米のいずれかが一方的に原子力協定の破棄を申し出れば、半年間の猶予で協定が終了することになった。そうなると、一番可能性が高いのは、トランプ大統領が北朝鮮の非核化の障害になるとして、日本がプルトニウムを溜め続けていることにクレームをつけて協定の破棄を一方的に宣言することである。そうなれば、日本は使用済み核燃料の再処理ができなくなり、核燃料サイクルを継続することは不可能になるだろう。再処理がストップすると、青森県は使用済み核燃料の最終処分地にされてしまう危険性から、各原発から搬入されている使用済み核燃料を各原発に戻すと言いだすだろう。今、各地の原発では使用済み核燃料を保管するプールは満杯になりつつあり、もし六ケ所村から戻される事態になれば（むろん、今後も引き取らない）、各原発は使用済み核燃料が溢れて早晩稼働できなくなるのは確実である。つまり、トランプ大統領の出方次第で、日本の核燃料サイクルと原発再稼働のいずれも行き詰まり、大混乱が引き起こされると予想されるのだ。このような事態が引き起こされる可能性を考えておかねばならないのだが、政府も官僚もそれについては考えようとしていない。事態を直視できないのだろう。

# ナチュラルハウスと脱原発

一九九八年にわが家を新築してから、もう十四年が経つ。その経緯は『わが家の新築奮闘記』（晶文社、一九九九年）にまとめたのだが、今にして思えば少しだけ先見性があったのではないかと思っている。新築を決意したとき、原発への依存を減らし、欲望を抑制してほどほどの生活で満足する、そんな生き方が大切であると考えたのだが、今回の3・11大震災と原発事故によって強く確信できるようになったからだ。家づくりの基本コンセプトは、ナチュラルハウスとし、寒暑涼暖を楽しむというものであった。最初の目論見通りではないこともあったが、おおむね満足して暮らしている。この報告が脱原発の方向を強めていくための一助となれば幸いである。

## 太陽光発電の設置の経過

私は物理学者として原発の危険性をずっと感じていた。このまま原発の拡大路線を採っていると、いずれ大変なことになると予感していたのだ。むろん、福島第一原発の四基までが大事故を起こすとまでは想像せず、危険物を抱え込んでいるとしか考えていなかったのだけれど、いずれ脱原発の道を歩まねばならないと思ってきた。そのために、少しでも原発に依存しないよう太陽光発電を設置しようと以前から計画していた。阪神淡路大震災（一九九五年）のとき、京都にあるわが家の壁にひびが入ったのを見て、地震があっても百年保つ家とし、太陽光発電など自然環境と調和した家にしようと新築を決心したのであった。

友人からよく、「池内さんは反原発・脱原発と言っているけれど、原発の依存度が高い関西電力から電気を買っていて、原発の恩恵を受けているじゃありませんか」と言われていた。そのとき、「我々は電力会社を選べない、太陽光発電の会社があれば、値段が高くてもそれを買うだろう」と反論していた。電力会社の地域独占が破れない限り、原発の電力を買わねばならない。それなら、たとえ僅かではあってもわが家の屋根上で太陽光発電をして、原発依存を下げるしかないと考えるようになった。「犬が尻尾を振るのではなく、尻尾が犬を振り回す」のと同様、太陽光発電を実現するために、まだ使える家を取り壊して新築することにしたのである。当時は、三・五ｋＷの設備に二七〇万円を要し、国の新エネルギー財団から七〇万円くらいの補助を得たのだが、元を取り戻すには二十年以上かかる。太陽光設備の保証期間は十年だったから（現在は二十年まで延びている）、採算を度外視せざるを得なかった（余剰電力の買い取り制度ができて、これまでの買い取り価格が一kWhあたり二四円であったのが四八円になり、太陽光発電装置の価格も三割以上安くなっているので、元を取り戻す期間は現在では十年以下になっているようである）。

少なくとも脱原発を主張するからには、多少高くても自然エネルギー由来の電力に切り換える努力をすべきではないかと思ってのことである。それが可能なのは今のところ自宅で太陽光発電するしかなく（地域で風力発電に出資する方法もあるが、京都周辺にはそれがない）、東北大震災をもたらした大地震の後にも太陽光発電が有効であったそうだ。そのことを考えれば、自らを守り自立するという意味でも太陽光発電設備を設置するのが良いのではないかと人にも推奨している。むろん、マンション住まいだから設置できないとか、一気に一五〇万円を越す投資は無理な場合には、太陽光パネル一枚（一〇〇Wの容量で一〇万円くらい）を購入してベランダに置き、その威力を知るだけでも十分である。太陽光の恵みを実感されることだろう。最近では、ちょっとした太陽光の利用グッズ（バーベキュー装置やランタンなど）が発売されており、可能な範囲で少しずつ脱原発を実行していけばいいのである。

## ナチュラルハウスを目指して

私は「エコ」という言葉を嫌いである。「エコ」とつけられれば環境と調和しているような気にさせられるが、実際には「エコ」とは正反対で、買い換え使い捨てを奨励している商品ばかりであるからだ。本来の「エコ」とは、長持ちして省資源・省エネルギーに寄与するものでなければならない。だから、わが家を新築する場合も「エコハウス」とは呼ばず、過剰な電化器具は敬遠し、自然の素材を精一杯活かすことを考えて「ナチュラルハウス」と呼ぶようにしたのである。そのキャッチフレーズは「寒暑涼暖を楽しむ」であった。冬は寒く夏は暑いものだが、そのまま受け入れ、秋の涼しさと春の暖かさをゆったり楽しもうというものである。

だから、窓を大きく取って日光が入るようにし、欄間(らんま)を設けて風が通り抜ける道を開け、壁は漆喰にして断熱効果を発揮させるようにした。柱は太さが十三センチの太目にして、ヒノキで統一する。二階はログハウス風にして天井を高くし、ゆったりできる空間を確保する。雨水や風呂の水は地下のタンクに溜めて中水(トイレや庭水)として使い、井戸を掘って台所では自然水で料理をする。むろん、太陽光発電と太陽熱温水器を設置して電気とガスの使用量が節約できるようにした。シロアリ除けには木酢タールを塗り、ベランダの木の柵には柿渋を塗った。自然物の恵みを最大限に利用しようというわけだ。エアコンは最小限にして、夏は扇風機、冬は石油ストーブを使うことにした。

といって近代技術を何もかも拒否したわけではなく、井戸水や中水の供給はモーターで行い、風呂場の脱衣場の保温のために頭上暖房を取りつけ、洗濯物を室内で干す用具は自動上下する器具を取りつけた。いずれも電気を使うが、長時間使うものではないから利用することにしたのだ。つまり、恒常的に多量の電気を使うエアコンや電気毛布や電気調理器は敬遠し、短時間だけ使うものには電気の便利さを活用しようというわけである。

ナチュラルハウスとは、自然物を最大限に取り入れるけれど、無理しない範囲で開発されてきた技術をも有効利用する家のことではないかと思っている。少し高くついたが、家を新築するなんて一生に一回しかないことなのだから、ケチって後で後悔するより、少し借金が増えるだけと思えばいい、そう決心してあらゆる設備や資材を吟味した。妥協をしないで自分で決めた目標を貫徹する決心をすれば、その作業も楽しいものである。

生ゴミ処理器を購入して生ゴミの量を減らす、手が油臭くなるのを厭わず石油ストーブにする、タイマーをつけて扇風機を回す、ムダな照明のスイッチは極力切り、テレビや電子レンジは使い終わるとコンセントから抜く（あるいは専用スイッチにする）、ポットや炊飯器の保温機能は使わない、そんな細々としたことこそがナチュラルハウスに似つかわしいと思って実践するようになった。

## 寒暑涼暖を目指して

実際に新築したわが家に暮らすようになって、ちょっと甘かったかなという反省もある。京都は盆地で、夏はことのほか暑く、冬は冷たい空気が侵入してくるので底冷えする。ログハウスふうの私の書斎は、夏は風通しの良さで救われるのでやり過ごせるが、冬の寒さは耐えがたい。年をとるにつれ、いっそう寒さが身に染みる。しかし、暖房用のエアコンは取りつけていないし、石油ストーブだけでは周辺部しか暖まらない。吉田兼好が言ったように「家の造りようは、夏をむねとすべし」は守ったのだが、冬の隙間風やしんしんと迫る冷気には着膨れで対抗するしかない。「冬はいかなる所にも住まる」とはいかないのだ。しかし、なんとか厳しい冬を乗り越えると、それは冬の儀式のように思えてくる。春が来て、温度が上がっていくと冬の辛さを忘れてしまうからだ（しかし、二〇一六年に私の書斎の冷房用エアコンが壊れた際に、冬の寒さを凌ぐためについに冷暖房兼用のエアコンにした）。

夏の暑さに関しては、居間の一室だけにエアコンをつけることにし、連れ合いも私も自室にいるときは扇風機だけでガマンすることにした。暑くて耐えがたくなったときはエアコンをつけた居間に駆け込むということにしたのだ。ゆっくり体を冷やす間に夫婦の会話も回復するし、また元気を取り戻して暑い部屋に戻ろうという気にもなる。つまり、寒暑涼暖とはこちらの気持ちの持ちようで、家そのものが準備してくれるわけではないのである。そのような自然の条件を受け入れ、そこに住む人間が体調に合わせて寒暑との付き合い方を調節するということなのだろう。熱風が窓から入り、欄間を通り抜けていく動きを観察していると、これが自然なのだと思えるから不思議である。そこでゆっくり昼寝するのも自分の選択なのだから。

## 脱原発のために

先に述べたように、可能な限り、多少値段が高くても自然エネルギーを取り入れる努力をすべきだと思っている。政府に原発から自然エネルギーに切り換える工程表を早く出すべきと要求することは勿論なのだが、それを実現させるために時間がかかるのも事実である。例えば、原発が担っていた一年で三〇〇〇億kWh分の発電量を一般家庭用の太陽光発電（三kWとすると一年で三〇〇〇kWh発電する）で代替しようと思えば、一億台必要になり、一台一五〇万円として一五〇兆円かかる。その半分としても七五兆円で、十年計画で行っても一年に七・五兆円投資しなければならない。国民一人あたりだと七・五万円で、十年間毎年これだけの負担をすることを覚悟する必要がある。そう考えると、すぐに脱原発して自然エネルギーへの転換が進まないことも事実で、地道にかつ戦略的に考えなければならないことがわかる。

家を新築されるなら、オール電化ハウスなんて拒否して、新工夫された断熱方式を取り入れ、日光の角度まで考慮した庇（ひさし）とするというような、エネルギー消費の少ない家の設計とされることをお勧めしたい。節電がとりあえずできる脱原発への最善の道であり、可能なら太陽光発電を設置されればよい。わが家では節電の効果もあって、太陽光による発電量が電気の使用量を上回っており、原発に依存していないという気分になれる。むろん、夜間や雨の日は電力会社から買わねばならないが、売電量の方が買電量より多いのだから、実質的には原発無しでやっていけていると言える。

幸い、再生可能エネルギーの全量買い取り制度が実施され、我が家のように早く設置した太陽光発電では一kWhあたり四八円で電力会社が買い取ってくれるようになった（この費用は、結局消費者の電力料金に上乗せして徴収されているのだが）。これが継続されると、太陽光パネルは増産によって年々値段が下がっていて、確実に十年で設備投資に要した費用を回収できるから、短い期間で元が取れるようになり、一気に普及することが期待できる。

ナチュラルハウスを新築して以来、精神的にも肉体的にも健康になったことを実感している。生活の質を落とさないよう近代の技術を活用し、しかし余分な便利さを求めず自らの手を使い汗をかく、そんな生活スタイルこそナチュラルなのではないだろうか。

（「チルチンびと　第73号」風土社　2012年9月）

追記　再生可能エネルギーの全量買取制に基づく買い取り価格は十年据え置きで、再生可能エネルギー発電設備の普及を見ながら改定することになっており、最初一kWhあたり四八円であったものが、すぐに三六円になり、三二円になり、二八円になりという具合でどんどん下がり続け、今や上乗せがない状態と同じになってしまった。太陽光発電設備が急速に増加したためだが、設備費も安くなっているので、現在では八年間ほどで元は取れそうである。各年度の契約は十年間固定することになっており、最初に契約したほど高く買い取ってもらっているが、設備費も高かったので、トータルとしてはどの年が有利であったかわからない。

太陽光発電設備が急速に普及した理由として、大企業などがビジネスチャンスだとしてメガソーラー（一〇〇万W＝一〇〇〇kW）規模の大設備を、空き地や放棄地そして山を削って均した土地などに展開したことが大きい。しかし、私はこれには反対である。これでは分散型エネルギーではなく集中型であって、結局大資本の金儲けのための事業になっているからだ。さらに、周辺の人々とのトラブルが多く発生しており、環境への負荷も大きく（林や森を伐採し、農地に日光が当たらなくなっている）、このようなやり方は持続可能ではないと思う。いち早く登録をして高い買取価格の権利の取得だけをしておき、資材の値段が下がるのを待つためにすぐには着工しない、というまさに金儲けのためだけの太陽光発電業者も続出した。その結果として、九州電力のように、電力会社が用意していた送電の枠を超えたとして、受け付け中止となってしまったところもある。動かない原発の送電分はちゃんと確保しておいて、残りしか再生可能エネルギーに割り振らないのだからフェアではないが、送電部門を電力会社が押さえているため手が出せない。やはり発送電分離を行い、送電会社は求められれば必ず通電要求を満たさねばならない、という取り決めにしなければ解決しないだろう。発送電分離は二〇二〇年に予定されているが、さてどうなるか注視しなければならない。

# 脱原発に向けて

福島の原発事故が勃発して人々は安全神話に騙されていたことを知り、脱原発の思いを強く持つようになった。世論調査をすれば七割以上の人が原発依存から脱却したいとの意向を持っていることが示され、毎週行われている金曜日の脱原発デモは東京から全国に波及して継続されている。実際、多くの人々は原発の新たな再稼働を望んではおらず、脱原発のためなら少しくらい電気料金が上がるのも仕方がない、それに対しては節電で対抗しようと思っているのではないだろうか。それが庶民の願いであり決意なのである。

しかしながら、二〇一二年十二月の総選挙で原発問題は大きな争点にならないまま自公が政権を奪還し、安倍首相は民主党が掲げていた脱原発依存をゼロベースから見直すと言明している。現政権はおそらく原発路線の完全復活を目論んでいるのだろうけれど、二〇一三年七月の参議院選挙まではこのまま曖昧な表現で争点隠しを続けるのではないだろうか。そして、もし参議院選挙に勝利すれば「事故によって問題点を学んだのだから安全性が高くなった」というような、まやかしの新しい安全神話を持ち出して、原発推進の方向に進むのは確実であると思われる。

現時点においてすら、アベノミクスによる円安とか株価の上昇などで、見かけ上日本経済が好調になったことに目を奪われて原発論議がうやむやになっており、（福島県人以外にとって）原発事故なんかとっくの昔のことであるかのような雰囲気が漂い始めている。自公政権は脱原発の声が静まるのを待ちつつ、エネルギー政策を議論する場へ原子力ムラの科学者を動員して原発推進の世論作りを重ねていくだろう。原子力規制委員会の人事を巧く操作して、やがて以前の原子力安全・保安院のような役割しか果たせないよう画策していくに違いない。結局、日本は福島原発事故から何も学ぶことなく、再び原発推進路線に戻ってしまうのではないか、そんな予感がするのだ。その意味で、このままの状態が推移すると脱原発の声がかき消されてしまうのではないか、私はそのことを強く危惧している。

他方、私たちも単に「脱原発」「再稼働反対」を唱えるだけでは、じり貧になっていくだけになるだろう。脱原発のためになすべき課題について議論を重ねて国民的合意を形成し、具体的な要求として政府に突きつけていくことが求められている。お任せ民主主義から脱しなければならないのだ。

その課題の一つは、何年先に原発をゼロとするか、そのためにかかるコストはどれくらいで、それをどのように負担するか、ではないだろうか。脱原発と言ってもどれくらい時間をかけるかのイメージは人々ごとに異なっており、今後は原発の再稼働を一切行わないという考え方もあれば、一部の原発を稼働させながら少なくしていくという進め方もある。その選択に応じてエネルギー源をどのようにしていくか（再生可能エネルギーの開発目標や化石燃料への依存割合の検討）、費用の見積もりとその負担区分をどうするか、それらの議論を抜きにしてコトを進めるわけには行かないのだ。また、再処理や高速増殖炉開発などの核燃料サイクルの完全放棄を明確に合意する必要がある。脱原発を主張するからには、これらについての議論を重ねなければならないのではないだろうか。

もう一つの点は、脱原発に徹底して反発しているのが地域独占と総括原価方式にあぐらをかいている電力業界であり、電力企業の改革を進めなければならないことである。そのためには発送電の分離と電力売買の完全自由化が不可欠で、電気事業法改正案の付則にそれらが盛り込まれる予定なのだが、電力業界は自民党の政治家に手を回してこれらを実行させまいと画策している。また、たとえ発電と送電を分離しても送電会社が発電会社の傘下にあれば自由化の意味がなく、実質的に電力業界の思惑通りになってしまうだろう。これらの改革が遅滞なく公正に進むよう監視するのも私たちの重要な課題である。

脱原発のゆくえは、それを怠けようとする政府と、実行させようとする世論のせめぎ合いにかかっていると言えよう。

（北海道新聞「各自核論」2013年4月12日）

追記　この文章は二〇一二年十二月の第二次安倍内閣の発足と、二〇一三年七月の参議院選挙の間に書いたもので、当時の私がどう考えていたかを点検するつもりでここに掲載した。安倍首相は、この参議院選挙に勝って国会の完全な過半数を握り、それ以後軍国主義化への道をひた走ることになるのだが、原発再稼働路線も露骨に打ち出すようになった。その典型が、二〇一三年九月の国際オリンピック委員会総会の場で、「（福島原発の）汚染問題は完全にコントロールできており問題はない」と明らかなウソを言い、二〇二〇年の東京オリンピック・パラリンピックの招致を成功させたことであろう。福島原発事故を軽視する態度は、すでにこの段階で現れていたのである。

そして、「原子力規制委員会の世界一厳しい基準に合格した原発から稼働させていく」との方針を打ち出した。「原子力規制委員会の世界一厳しい基準」が新しい安全神話として使われているのである。そのような方針を強行しているのは、規制委員会の人事を握って思い通りの「再稼働適合」の結果を出させることができると判断したためだろう。これを錦の御旗にすれば文句はなかろう、というわけである。その具体的現れは、二〇一四年四月に経産省資源エネルギー庁が中心になって作成した二〇三〇年のエネルギー基本計画であろう。原発を「ベースロード電源」と位置づけ、原発比率を20～22％と福島事故以前とほぼ同じ水準を維持する方針を採用しているからだ。このエネルギー基本計画は二〇一九年以後にも踏襲することを閣議決定している。

一方、原子力規制委員会の田中俊一前委員長も、「当委員会は原発の安全を保障したものではない、事故は起こり得る」と言いつつ、川内原発1、2号機、高浜原発1、2、3、4号機、伊方原発3号機、美浜3号機、玄海3、4号機、柏崎刈羽原発6、7号機の計十二基に対し新安全基準審査に「適合」したことを認め、現時点では、川内1、2号機、伊方3号機、高浜3、4号機、大飯3、4号機、玄海3、4号機の計九基が稼働している。高浜1、2号機と美浜3号機は老朽原発の延長が認められただけで、これから改修工事が行われるので稼働時期は二年以上先になる見込みである。他方で、玄海1号機、伊方1号機、美浜3、4号機が廃炉申請を出しており、規制委員会は廃炉を決めた原発（または電力会社）を優先して「適合」にしているようである。このことから、次に「適合」が出るのは、中国電力島根2号機と予想される。1号機の廃炉申請をしているためである。これほどいい加減な規制委員会の審査が罷り通る事態を見れば、福島事故から何を学んだのか首を傾（かし）げざるを得ない。

［著者略歴］
池内 了（いけうち・さとる）
1944年、兵庫県生まれ。
宇宙物理学、科学・技術・社会論。
総合研究大学院大学名誉教授、名古屋大学名誉教授。
著書
『司馬江漢』（集英社新書）、『科学者と軍事研究』『科学者と戦争』（岩波新書）、『ねえ君、不思議だと思いませんか？』（而立書房）、『大学と科学の岐路』（リーダーズノート）ほか多数。

原発事故との伴走の記（げんぱつじこ との ばんそう の き）

2019年 2月25日 第1刷発行

著 者 池内 了
発行所 有限会社 而立書房
東京都千代田区神田猿楽町2丁目4番2号
電話 03（3291）5589／FAX 03（3292）8782
URL http://jiritsushobo.co.jp

印刷・製本 中央精版印刷 株式会社

落丁・乱丁本はおとりかえいたします。

Printed in Japan
ISBN 978-4-88059-412-5 C0040

池内 了

## ねえ君、不思議だと思いませんか？

2016.12.20 刊
四六判並製
288 頁
定価 1900 円
ISBN978-4-88059-399-9 C0040

大学における科学者とお金の問題、リニア新幹線、STAP 細胞騒動、ドローンという怪物、電力自由化の行方、宇宙の軍事化、町工場の技術 etc… 近年の科学トピックスを、豊富な専門的知見から、わかりやすくひもといたエッセイ集。

---

中村敦夫

## 朗読劇 線量計が鳴る

2018.10.20 刊
四六判並製
128 頁
定価 1200 円
ISBN978-4-88059-411-8 C0074

「木枯し紋次郎」で知られる中村敦夫さんが、原発立地で生まれ、原発技師として働き、原発事故ですべてを失った老人に扮し、原発の問題点を東北弁で独白！
原発の基礎から今日の課題までを分かりやすく伝える朗読劇。

---

永井 愛

## ザ・空気

2018.7.25 刊
四六判上製
120 頁
定価 1400 円
ISBN978-4-88059-408-8 C0074

人気報道番組の放送数時間前、特集内容について突然の変更を命じられ、現場は大混乱。編集長の今森やキャスターの来宮は抵抗するが、局内の"空気"は徐々に変わっていき……。第 25 回読売演劇大賞最優秀演出家賞、同優秀作品賞・優秀女優賞受賞作。

---

三浦 展

## 昼は散歩、夜は読書。

2018.10.10 刊
四六判並製
352 頁
定価 2000 円
ISBN978-4-88059-409-5 C0036

『下流社会』『第四の消費』などで出色の時代分析を提示してきた三浦展による「都市」と「社会」のブックガイド。最近のコラムと、小学時代から、大学受験、パルコへの就職、消費社会研究家として独立するまでを語る半自伝的文章を収録。

---

三浦 展

## 人間の居る場所

2016.4.10 刊
四六判並製
320 頁
定価 2000 円
ISBN978-4-88059-393-7 C0052

近代的な都市計画は、業務地と商業地と住宅地と工場地帯を四つに分けた。しかしこれからの時代に必要なのは、業務と住居と商業と生産の機能が混在し、有機的に結びつける街づくりではないだろうか。「横の公共」を提案する。

---

ルチャーノ・デ・クレシェンツォ／谷口伊兵衛 訳

## 放課後の哲学談義　ベッラヴィスタ氏かく愛せり

2018.7.25 刊
四六判上製
216 頁
定価 2000 円
ISBN978-4-88059-407-1 C0097

定年を迎えた哲学教授ベッラヴィスタ氏は、高校生相手に放課後の私塾を開いていた。ところが教授は女生徒のひとりと道ならぬ仲に‼ 哲学談義の日々に、教授と生徒の愛憎や肉欲が交錯する。現代社会の諸問題をあぶり出す野心作。

駒井 稔

2018.10.15 刊
四六判並製
376 頁
定価 2000 円

**いま、息をしている言葉で。**「光文社古典新訳文庫」誕生秘話

ISBN978-4-88059-410-1 C0098

ドストエフスキー、カント、親鸞……なぜ、21 世紀に古典が蘇ったのか⁉ 古典にこそ読書の醍醐味はある。そんな信念のもと、数多ある外国文学･思想を新訳し、文庫シリーズとして刊行する光文社古典新訳文庫・創刊編集長の奮戦記。

---

加藤典洋

2017.11.30 刊
四六判並製
384 頁
定価 2300 円

**対 談** 戦後・文学・現在

ISBN978-4-88059-402-6 C0095

文芸評論家・加藤典洋の 1999 年以降、現在までの対談を精選。現代社会の見取り図を大胆に提示する見田宗介、今は亡き吉本隆明との伯仲する対談、池田清彦、高橋源一郎、吉見俊哉ほか、同時代人との生きた思考のやりとりを収録。

---

マイケル･ウォルツァー／山口晃 訳

1993.11.25 刊
四六判上製
392 頁
定価 3000 円

**義務に関する 11 の試論** 不服従、戦争、市民性

ISBN978-4-88059-171-1 C1031

多くの様々な議論を存在させよ！ 「市民意識」がなかなか定着しない日本で、いまこそ読まれるべき、政治的積極行動についての試論。「人は少数者としてどう生き、どう考えるのがよいのか。時代がこの本に追いついてきた」（推薦・加藤典洋）

---

マイケル･ウォルツァー／山口晃 訳

1999.9.25 刊
四六判上製
560 頁
定価 3000 円

**正義の領分** 多元性と平等の擁護

ISBN978-4-88059-255-8 C1031

正義とは――支配層や多数派の論理を一律にローラーするのではなく、少数派や弱者の生存と主張を擁護することである。ここに述べられていることをわが身に引き寄せることによって、現在と未来を証すことができるだろう。

---

ウンベルト･エコ／谷口勇 訳

1991.2.25 刊
四六判上製
296 頁
定価 1900 円

**論文作法** 調査・研究・執筆の技術と手順

ISBN978-4-88059-145-2 C1010

エコの特徴は、手引書の類でも学術書的な側面を備えている点だ（その逆もいえる)。本書は大学生向きに書かれたことになっているが、大学教授向きの高度な内容を含んでおり、何より読んでいて楽しめるロングセラー。

---

ウンベルト･エコ／谷口伊兵衛 訳

2008.9.25 刊
Ａ５判上製
136 頁
定価 2500 円

**セレンディピティー** 言語と愚行

ISBN978-4-88059-342-5 C1010

コロンブスの誤解が新大陸発見のきっかけとなったように，ヨーロッパの思想史では《瓢箪から駒》が幾度も飛び出してきた。U・エコはこういう事象を記号論の立場から明快に分析している。

マタイス・ファン・ボクセル／谷口伊兵衛 訳

2007.7.25 刊
Ａ５判上製
240 頁
定価 3000 円

## 痴愚百科

ISBN978-4-88059-334-0 C1010

《存在するということは知覚されないということである》――人間社会に遍在する痴愚から《真》の実態を逆照射する。オランダの哲人が世界に発信するエラスムスの遺訓。知的興奮を覚えさせる書である。

---

マリーア・ベッテッティーニ／谷口伊兵衛、G・ピアッザ 訳

2007.3.25 刊
Ａ５判上製
144 頁
定価 2500 円

## 物語 嘘の歴史　オデュッセウスからピノッキオまで

ISBN978-4-88059-335-7 C1010

「真実とは何か」は古来、執拗に追究され、多くの哲学者・宗教家を悩ましてきた。本書は逆に「嘘」とは何かを追究することによって、「真」を照射しようとする意欲的な書である。

---

アンソニー・ギデンズ／松尾、西岡、藤井、小幡、立松、内田 訳

2009.3.25 刊
Ａ５判上製
1024 頁
定価 3600 円

## 社会学　第五版

ISBN978-4-88059-350-5 C3036

私たちは絶望感に身を委ねるほかないのだろうか。間違いなくそうではない。仮に社会学が私たちに呈示できるものが何かひとつあるとすれば、それは人間が社会制度の創造者であることへの強い自覚である。未来への展望を拓くための視座。

---

W・ベック、A・ギデンズ、S・ラッシュ／松尾、小幡、叶堂 訳

1997.7.25 刊
四六判上製
416 頁
定価 2900 円

## 再帰的近代化

ISBN978-4-88059-236-7 C3036

モダニティ分析の枠組みとして「再帰性」概念の確立の必要性を説く三人が、モダニティのさらなる徹底化がすすむ今の時代状況を、政治的秩序や脱伝統遵守、エコロジー問題の面から縦横に論じている。

---

アンソニー・ギデンズ／松尾精文、小幡正敏 訳

1993.12.25 刊
四六判上製
256 頁
定価 2500 円

## 近代とはいかなる時代か？　モダニティの帰結

ISBN978-4-88059-181-0 C3036

「これから私が展開するのは、文化論と認識論を加味したモダニティの制度分析である。その際、私の意見は近年の多くの議論とかなり見解を異にするが、それは、互いに正反対の点を強調しているからである」（序論）。

---

アンソニー・ギデンズ、C・ピアスン／松尾精文 訳

2001.9.25 刊
四六判上製
368 頁
定価 2500 円

## ギデンズとの対話　いまの時代を読み解く

ISBN978-4-88059-280-0 C3036

1970 年代初めから 98 年（本書刊行年）までのギデンズの思索を網羅するインタビュー。古典社会学の創始者とのやりとりに始まり、「再帰的モダニティ」の概念に基づく世界政治の実態についての見解まで、明晰かつ簡潔な表現でとことん語る。

シャンタ・R・ラオ、バドリ・ナラヤン 挿絵／谷口伊兵衛 訳

2016.10.15 刊
Ａ５判上製
240 頁口絵 15 頁
定価 3000 円

## 現代版 マハーバーラタ物語

ISBN978-4-88059-395-1 C0097

人類最古の作品、最長の叙事詩「マハーバーラタ」。幾世紀にもわたりインドの逸話、ことわざ、警句の宝庫として知られてきた。老若男女、万人に対するメッセージを擁する書物を、物語として宿約した一冊。高校生以上対象。

---

ラクシュミ・ラー、バドリ・ナラヤン 挿絵／谷口伊兵衛 訳

2013.6.25 刊
Ａ５判上製
312 頁口絵 15 頁
定価 5000 円

## 現代版 ラーマーヤナ物語

ISBN978-4-88059-369-2 C0097

古代インドの２大叙事詩の１つを現代語（英語）に翻案する。その物語性は読む人を魅了するだろう。同時に、ナラヤンの絵は想像力を増幅する。国際ブックデザイン賞「優秀賞」（ライプツィヒ、1989）を受賞した。

---

A・J・ルスコーニ 著、エドモン・デュラク 絵／谷口伊兵衛 訳

2015.10.30 刊
Ａ５判並製
160 頁口絵４頁
定価 1800 円

## 図説 千夜一夜物語

ISBN978-4-88059-387-6 C0097

「千夜一夜物語」のなかから作品を選りすぐり､51 枚の挿絵を付した読みもの。「漁師と魔人」「暗黒諸島の王」「アリババと四十人の盗賊」「魔法の馬」「コダダードとその弟たち」「デリヤバールの王女」を収録。

---

森尻純夫

2016.3.5 刊
Ａ５判上製
272 頁口絵８頁
定価 2400 円

## 歌舞劇ヤクシャガーナ　南インドの劇空間、綺羅の呪力。

ISBN978-4-88059-392-0 C0039

"ヤクシャ（＝精霊）"と"ガーナ（＝メロディ）"をあわせて名付けられた、南インドの伝統芸能ヤクシャガーナ。知られざるその歌舞劇の歴史を、旅公演への同行を含むフィールドワークで解き開く。ヤクシャガーナの存在は驚異に値する‼

---

森尻純夫

2016.11.10 刊
四六判並製
296 頁
定価 1900 円

## インド、大国化への道。

ISBN978-4-88059-397-5 C0031

21 世紀の半ばには、インドは世界一の人口を擁し、経済規模は世界５位内の総生産量 (GDP) を誇る大国になる。インドという国の捉え方、日本とのパートナーシップの可能性、アメリカ・中国を交えたアジア地域のパワーバランスについて論じる。

---

中村攻・宮城喜代美・石澤憲三 編

2015.9.10 刊
四六判並製
128 頁
定価 1000 円

## おじいさんおばあさんの子どもの頃 日本は戦争をした

ISBN978-4-88059-389-0 C0037

戦争を体験した市民が自ら筆を執り、我が子のために綴ったメッセージを集めました。戦争の本当の姿を知ることから、平和＝全ての人びとが幸せに行きていく土台について考え始めることができるのではないでしょうか……。